DAOMI SHENJIAGONG

稻米深加工

马涛　朱旻鹏　主编

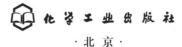

化学工业出版社

·北京·

本书主要介绍各种米粉、方便米饭、糙米食品、淀粉糖、大米蛋白、米淀粉基质脂肪模拟品、抗性淀粉、米糠蛋白降血压肽等产品的作用、生产工艺、操作要点，内容新颖实用。

本书可供稻米深加工企业技术研发人员和食品相关专业师生参考。

图书在版编目（CIP）数据

稻米深加工/马涛，朱旻鹏主编 . —北京：化学工业出版社，2020.2

ISBN 978-7-122-35863-9

Ⅰ.①稻… Ⅱ.①马… ②朱… Ⅲ.①稻-粮食加工 Ⅳ.①TS212

中国版本图书馆 CIP 数据核字（2019）第 287176 号

责任编辑：彭爱铭   装帧设计：韩　飞
责任校对：杜杏然

出版发行：化学工业出版社（北京市东城区青年湖南街 13 号
　　　　　邮政编码 100011）
印　　刷：北京京华铭诚工贸有限公司
装　　订：三河市振勇印装有限公司
850mm×1168mm　1/32　印张 4¼　插页 1　字数 110 千字
2020 年 2 月北京第 1 版第 1 次印刷

购书咨询：010-64518888　　售后服务：010-64518899
网　　址：http://www.cip.com.cn
凡购买本书，如有缺损质量问题，本社销售中心负责调换。

定　　价：49.00 元　　　　　　　　版权所有　违者必究

世界上一半人口都以稻米为主要食粮。中国是世界上水稻生产大国，近年来总产量保持在 2 亿吨左右，位居世界第一位。在我国经济实力和居民收入水平大幅跃升，以及消费升级的时代背景下，稻米产业正在从重视供给数量逐渐向强调供给质量转变。加快推动稻米产业高质量发展，实现稻米价值链升级已势在必行。

近年来，世界先进国家利用高新技术对稻米资源进行深度加工和综合利用，使种植及经营稻谷增值显著，产生了巨大的经济效益。因此，千方百计拓展稻米资源深加工及其综合利用途径，进一步促进稻米的消费，提高稻米及其副产品的附加值，对增加稻米加工企业的经济效益，提高稻农的收入，稳固粮食安全具有重要的意义。

稻米加工可以分为粗加工和深加工，粗加工的代表产品有糙米和精白米，深加工是以大米、糙米、碎米、米糠、精白米糠（糊粉层蛋白）、米胚等为原料，采用物理、化学、生化等技术加工转化的各类产品。近年来，生物工程、高压、微波、低温、超微粉碎、分子蒸馏、膜技术、超临界萃取、微胶囊化等高技术的应用，稻米深加工产品已不局限在米蛋白和米淀粉或淀粉糖开发两个方面，功能化、多元化、综合化发展趋势明显，多功能淀粉、米制小食品、稻米油、米糠多糖、γ-氨基丁酸等活性物质提取，利用稻壳生产白炭黑、活性炭、环保型餐具、多种美容化妆品等方兴未艾。

为了适应快速发展的粮食加工业，满足人民追求营养健康的食物和促进国家大健康产业建设的需要，缩小我国在稻米深加工技术及其制品与日本、美国等发达国家之间的距离，我们在搜集并整理国内稻米深加工技术的文献资料的基础上，结合多年的教学与科研实践，编著了《稻米深加工》一书。

新颖、全面、实用是本书的特色。"新颖"即书中的理论、概念、产品、加工技术等均为国内外较新；"全面"即对稻米在食品和非食品领域的应用进行全方位、多层次的开发，提高稻米全价值利用水平；"实用"即介绍的稻米深加工技术均来自生产、科研实践，数据翔实，可操作性强。本书可作为稻米深加工企业及相关稻米原料生产企业领导者制定新产品开发决策的参考书或企业员工技术培训的教材，也可作为高等院校食品专业师生的参考书。

本书由渤海大学马涛教授和沈阳师范大学朱旻鹏副教授主编，马涛负责统稿。编写过程中，朱力杰、周大宇、杨立娜、王胜男、张冶、赵海波、赵旭、韩璐、吴凯为、吴昊桐、李东红、杜佳阳等搜集了相关资料，并参与了本书部分内容的编写工作。

本书在编写过程中参考了大量的相关书籍，在此谨向这些作者表示衷心的感谢。

由于编写水平有限，书中难免有疏漏和不足之处，恳请广大读者批评指正。

编者

2019. 10

目 录
CONTENTS

1 绪论

2 稻米的结构形态与理化性质

3 米制食品加工

4　稻米生化产品加工

1

绪　论

1.1　稻米深加工的意义

发达国家稻米深加工全利用表明，稻谷加工前后的产值比可由 1∶1.2 提高到（1∶5）～（1∶10）。加工 100kg 稻谷，可生产大米 60～65kg，其余为稻壳、碎米、米糠等副产品 35～40kg，这些副产品经过精深加工后，可以获得淀粉糖类、蛋白粉类和稻米油类等百余种高附加值产品。

中国稻米除了口粮外，出口和深加工转化率低。由于稻米制品加工长期处于初级加工或粗加工水平，对稻米的深加工基础理论研究和技术开发水平上与发达国家均有较大的差距，产品质量不稳定、生产能力低、规模小、品牌杂的现象普遍存在。在稻米深加工和综合利用方面，日本和美国走在世界前列，品种多元化、专用化、系列化，为食品、保健、医药、日用化工等工业生产提供各种高附加值配料。此外，发达国家还利用其技术优势，实施贸易技术壁垒，制约中国稻米制品产业的快速发展。加强稻米资源的深度开发及其关键技术研究，形成中国自主知识产权，提升稻米精深加工及其装备的技术水平，摆脱发达国家的技术封锁和贸易壁垒，发展中国稻米制品加工产业，对于提高企业的自主创新能力和国际市场竞争力，缩小与发达国家的差距，把中国人的饭碗牢牢端在自己手

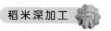

中，让碗里盛满优质的"中国粮"，实现全面小康具有重要的意义。

1.2 稻米深加工现状

稻米以其低热量、低过敏性、高生物效价成为人们喜爱的谷物。在经济发达国家或地区如美国、加拿大、欧洲等，稻米被认为是一种健康的谷物食品，在欧美国家以及稻米主要生产国如日本、泰国、菲律宾、印度等国家对稻米制品的研究如火如荼，发展较为迅速。对稻米的利用已由原来的仅作为口粮转化为深度加工和综合利用的原料，最大限度地发挥稻米的各项功能。

近年来，生物技术、挤压技术、微波技术、速冻技术等被引入到传统的米制食品生产中，不仅丰富了产品种类，也大幅度提升了产品质量。如日本开发的快速热风干燥方便米饭、膨化干燥后的膨化米、冷冻干燥米饭以及超高压无菌包装米饭、加压微波加热杀菌盒装米饭等。日本速冻食品年产 300 万吨左右，人均占有量接近 20kg，其中速冻米面食品为第一消费大类，占速冻食品总销量的 36%。中国开发的即食沙河粉、米排米、波纹米粉、自熟式米粉、α 化米饭等近 30 种米制方便系列产品也已实现规模化、工业化生产。通过生物技术手段使糙米 γ-氨基丁酸含量高达 1030mg/100g，用于制造功能性方便食品的原料。

在稻米制品加工技术装备的研制方面，日本、美国居先进水平，如美国 Wenger 公司、瑞士 Buler 公司的谷物膨化休闲食品、再造营养米的设备已经成套化、系列化、规模化，并实现智能型自动化控制。日本超高压食品技术在世界处于领先地位，并在 20 世纪 80 年代开始研究，90 年代市场化应用于米饭加工；加压后的米饭黏度增大，口感更佳，不但无菌，且保鲜时间长。利用超高压加工，稻米制品中变应原蛋白被破坏，消除了其对人类健康的威胁。目前，中国稻米制品方面的技术和设备研制也取得长足进步，米粉加工成套生产线已在国内生产并向东南亚等国出口；全自动米粉生产线亦推向国内外市场。

1.3　稻米深加工发展趋势与研究重点

大米作为传统的主食,市场可接受度高,市场持续的需求会极大地促进稻米制品深加工技术的进步,要求不断推出适合市场的、营养健康的、花色种类繁多的、品质优良的新产品。采用各类生物技术(如酶工程、发酵工程等)、膜分离技术、超临界萃取分离技术、超微粉碎技术、质构重组技术、信息化、机电一体化装备技术等进行新产品的研究与开发,实现稻米制品深度加工技术的现代化和产业提升。

1.3.1　稻米制品基础研究

随着现代食品化学、食品生物技术、食品检测技术的不断发展,相关稻米制品的基础研究不断推进。重点研究内容如下:①国内不同稻米制品原料的成分构成与稻米制品加工特性关系研究;②原料中不同组分的协同影响对稻米制品加工产品特性关系研究;③稻米制品生化研究。

1.3.2　稻米新产品研发

稻米加工制品除米粉、粉丝等传统产品产业化及进一步提高品质外,还要开发新型的方便稻米制品、速冻冷冻稻米制品、早餐制品、营养强化制品、保健型改性制品、液态饮料、发酵制品、调味品,以及抗性淀粉为代表的功能性保健食品,以脂肪替代品为代表的食品添加剂及配料等一系列新型的、适合市场需求的产品,以增加消费者的选择及提高企业的经济效益。

1.3.3　稻米深加工过程的综合利用

为适应国家循环经济及低碳经济发展战略,稻米制品深加工及综合利用必然成为中国稻米制品加工发展的重要方向。对稻米制品加工过程中的废水、废渣进行全面的分析和综合利用,以生产保健食品原料、新型休闲食品、营养强化剂、食品品质改良剂等，一方面增加企业的综合经济效益，向消费者提供更多、更营养、更健康的食品及原料，另一方面减少污染的排放，促进环境友好。

1.3.4　稻米深加工技术装备研制

稻米深加工技术与装备是实现稻米深加工产品及产业化的关键。重点的研究领域如下：①高新技术应用，包括重点引进高压技术、超微粉碎技术、微波技术、太阳能技术、电磁技术、人工智能等新型系统控制技术；②大型稻米制品成套工艺及设备的优化设计及生产；③加工过程控制技术和新型机电一体化技术的应用；④生物技术（如酶工程、发酵工程等）在食品及化工产品的延伸、扩展，以提高加工效能和丰富产品种类。

1.3.5　标准质量检测体系及标准的研究

根据市场贸易变化及稻米深加工产品发展的需要，加强稻米深加工产品相关国家乃至国际标准研究，增强深加工产品在国际贸易的话语权；研究快速在线检测方法和仪器，为稻米深加工品质评定指标和检测方法的制订提供技术支撑。

2
稻米的结构形态与理化性质

2.1 稻米的分类

稻米品质的优劣决定其价值和用途，评价的标准主要是依据稻米的用途。如食用则要求外观品质、加工品质、蒸煮品质和营养品质；饲用则以营养储藏品质为主；工业用则要求有良好的工艺品质，如制作粉丝，要求直链淀粉高等。

2.1.1 粒形和粒质的不同分类

2.1.1.1 早籼稻米
生长期较短、收获期较早的籼稻米，一般米粒腹白较大，角质部分较少。

2.1.1.2 晚籼稻米
生长期较长、收获期较晚的籼稻米，一般米粒腹白较小或无腹白，角质部分较多。

2.1.1.3 粳稻米
粳型非糯性稻的米粒一般呈椭圆形，米质黏性较大、胀性较小。

2.1.1.4 籼糯稻米
籼型糯性稻的米粒一般呈长椭圆形或细长形，呈乳白色，不透明或半透明状，黏性大。

2.1.1.5 粳糯稻米

粳型糯性稻的米粒一般呈椭圆形，呈乳白色，不透明或半透明状，黏性大。

2.1.2 食用品质分类

按食用品质分为大米和优质大米。

大米质量指标见表 2-1，其中碎米（总量及其中小碎米含量）、加工精度和不完善粒含量为定性指标。

优质大米质量指标见表 2-2，其中碎米（总量及其中小碎米含量）、加工精度、垩白度和品尝评分值为定等指标。

表 2-1 大米质量指标

品种			籼米			粳米			籼糯米		粳糯米	
等级			一级	二级	三级	一级	二级	三级	一级	二级	一级	二级
碎米	总量/%	≤	15.0	20.0	30.0	10.0	15.0	20.0	15.0	25.0	10.0	15.0
	其中,小碎米含量/%	≤	1.0	1.5	2.0	1.0	1.5	2.0	2.0	2.5	1.5	2.0
加工精度			精碾	精碾	适碾	精碾	精碾	适碾	精碾	适碾	精碾	适碾
不完善粒含量/%		≤	3.0	4.0	6.0	3.0	4.0	6.0	4.0	6.0	4.0	6.0
水分含量/%		≤	14.5			15.5			14.5		15.5	
杂志	总量/%	≤	0.25									
	其中,无机杂质含量/%	≤	0.02									
黄粒米含量/%		≤	1.0									
互混率/%		≤	5.0									
色泽气味			正常									

表 2-2 优质大米质量指标

品种			优质籼米			优质粳米		
等级			一级	二级	三级	一级	二级	三级
碎米	总量/%	≤	10.0	12.5	15.0	5.0	7.5	10.0
	其中,小碎米含量/%	≤	0.2	0.5	1.0	0.1	0.3	0.5

续表

品种		优质籼米			优质粳米		
加工精度		精碾	精碾	适碾	精碾	精碾	适碾
垩白度/%	≤	2.0	5.0	8.0	2.0	4.0	6.0
品尝评分值/分	≥	90	80	70	90	80	70
直链淀粉含量/%		13.0～22.0			13.0～20.0		
水分含量/%	≤	14.5			15.5		
不完善粒含量/%	≤	3.0					
杂质限量	总量/% ≤	0.25					
	其中,无机杂质含量/% ≤	0.02					
黄粒米含量/%	≤	0.5					
互混率/%	≤	5.0					
色泽、气味		正常					

2.2 稻米的理化性质

2.2.1 稻米的物理性质

稻米的物理特性包括色泽、气味、粒形、体积质量、粒度、密度、千粒重等。通过某些物理特性,很容易鉴别稻谷的品种或新鲜程度。因此,全面地了解稻谷的物理特性是至关重要的。

2.2.1.1 气味

稻米有一种特有的香味,特别是新稻米,香气清新宜人,无不良气味。如气味不正常,说明稻米变质或吸附了其他物质的气味。稻米陈化后,其香味也会明显变化,有时会带有明显的陈稻味。

2.2.1.2 色泽

稻米的色泽同其气味一样,都是反映稻米质地好坏的表观指标,通过色泽的变化,可以初步判别稻米品质的好坏。

2.2.1.3 粒形

粒形是指稻米的形状,它随稻米类型、品种和生长条件的不同而有较大差异。粒形常用长度、宽度和厚度三个尺寸来表示，一般是粒长大于粒宽，粒宽大于粒厚。稻谷粒形按粒长与粒宽的比例分为三类：长宽比大于 3 的为细长粒形；长宽比小于 3 而大于 2 的为长粒形；长宽比小于 2 的为短粒形。

2.2.1.4　粒度

粒度是指稻米籽粒的大小。球体形籽粒用直径表示；圆柱形籽粒的粒度则用粒长和粒径来表示。谷粒基部到顶端的距离为粒长，腹背之间的距离为粒宽，两侧之间的距离为粒厚。稻米的粒度用粒长、粒宽、粒厚的变化范围或平均值来表示。

2.2.1.5　千粒重

千粒重是指 1000 粒稻米的质量，以克（g）为单位。稻米千粒重的大小，除受水分的影响外，还取决于稻米的大小、饱满程度和籽粒结构等。

2.2.1.6　密度

密度是指稻米单位体积的质量。稻米密度的大小决定于籽粒的饱满程度和胚乳结构，取决于稻米的化学成分及含量、籽粒的组织结构特性。成熟、粒大而饱满的籽粒，其密度较大；含淀粉多者的密度较大。

2.2.2　稻米的化学性质

稻米是由各种不同的物质按不同的化学比例组成的，它们不仅是稻谷本身生命活动所必需的物质，而且也是人类生存的物质源泉。各种化学成分的物质在稻米中的分布情况，直接影响稻米的各种性能，了解和掌握稻米各部分的化学组成、营养价值、生理功效和功能特性，才能对稻米科学地进行开发研究，合理地开发利用。稻米中的化学成分主要有水分、蛋白质、脂类、碳水化合物、矿物质、维生素等。

2.2.2.1　水分

水是生命之源，稻谷中的水分主要有两种。

① 自由水　又称游离水，它存在于稻米籽粒细胞间隙的毛细

管中，具有普通水的物理特性。自由水能作为细胞内容物的一种溶剂，也可作为稻米内部生化作用的介质，还能为微生物所利用，因此，自由水对稻米的安全储藏影响非常大。自由水是稻米发霉变质的主要原因，也是我们要严格控制的水分。

② 结合水 又称束缚水，它存在于稻米细胞内，与淀粉、蛋白质等强极性分子紧密结合在一起，性质很稳定，不具有普通水的物理特性，因此，结合水不能作为溶剂，不能为微生物和酶所利用，常规的干燥方法不能将其除去。稻米经常规方法干燥后只含有结合水，其生理活性很弱，具有稳定的储藏特性，因此，结合水又称安全水分。

2.2.2.2 蛋白质

蛋白质是构成生命有机体的重要成分，是生命的基础。蛋白质含量的高低，对稻米粒的强度影响很大，蛋白质含量越高，其籽粒强度越大，耐压性越大。

通常来说，稻谷中蛋白质可分为四类：谷蛋白、醇溶蛋白、球蛋白、清蛋白。在不同品种的稻米中这几类蛋白质的含量是不同的，而在米粒中各种蛋白质在其不同截面上的含量也是不同的。

蛋白质的基本单位是氨基酸，人体不能直接吸收蛋白质，只能吸收蛋白质的水解产物——氨基酸，有些氨基酸在人体内不能合成，必须由食物中得到补充，这类氨基酸称作必需氨基酸。蛋白质的营养价值高低取决于其氨基酸的比例，尤其是必需氨基酸的比例，因此，常利用一些必需氨基酸的含量来评定稻谷的营养。

2.2.2.3 脂类

脂类包括脂肪和类脂。脂肪由甘油与脂肪酸组成，称为甘油酯。脂肪最重要的生理功能是供给热量。类脂是指那些类似脂肪的物质，严格地讲是特指脂肪酸的衍生物，主要为蜡、磷脂、糖脂和固醇类物质。类脂一类物质对新陈代谢的调节起着重要的作用。脂类含量是影响米饭可口程度的主要因素，脂类含量越高，米饭光泽越好。

稻米中的脂类还可分为淀粉脂类（又称淀粉粒脂类）和非淀粉

脂类。淀粉脂类主要是单酰基脂类与直链淀粉复合体。淀粉脂类主要的脂肪酸有棕榈酸和亚油酸。直链淀粉复合体是指处在直链淀粉的螺旋结构当中，以内涵复合物存在的那部分脂。淀粉脂类十分稳定，不易氧化变质。非淀粉脂类包括淀粉粒以外米粒各部分的脂类。因此，一般所说的脂类，实际上就是指淀粉脂类。

脂肪中主要的成分是脂肪酸，脂肪酸的种类很多，是粮食中最易发生性质变化的化学成分。脂肪具有容易发生水解和自动氧化的特性，所以与米的品质变化关系较大。

2.2.2.4 碳水化合物

碳水化合物是稻米中重要的储藏物质之一，又称糖类，为种子发芽及胚的生长提供必需的营养和能量，同时也是人体热量的主要来源。

根据结构和性质的不同，它又分为单糖、低聚糖和多聚糖三类。

单糖和低聚糖可溶于水或乙醇水溶液，故又称可溶性糖；多聚糖则不溶于水和一般的有机溶剂。可溶性糖中有的具有还原能力，又称还原糖，如葡萄糖、果糖、麦芽糖等；反之则称非还原糖，如蔗糖、棉子糖等。还原糖和非还原糖的总量称为全糖。

碳水化合物占到米粒干重的80%以上。碳水化合物主要存在于胚乳中，胚和胚乳中主要的糖类是蔗糖、果糖和葡萄糖。游离的可溶性糖类集中在糊粉层中，糯性米中的可溶性糖类要高于非糯性米。纤维素是一种多聚糖，是构成细胞壁的主要成分。

淀粉是稻米中的重要成分，主要分支链淀粉和直链淀粉，前者黏性大，后者黏性小。稻谷中黏性最大的是糯米，所含淀粉几乎都是支链淀粉，直链淀粉不多于1.3%，因此它的黏性大。支链淀粉和直链淀粉在理化性质方面也有许多差异。

2.2.2.5 矿物质

稻米中经高温燃烧后所得的白色粉末称灰分，亦称矿物质。

研究表明，稻米中的矿物质有三十多种，含量较多的有磷、钾、镁、钙、钠、硅等，还有许多微量元素，如锌、铁、硼、铜、铬、钴、铝、碘、锰等。稻米中的矿物质主要存在于胚和皮层中，胚乳中含量极少。

矿物质在稻米中的含量因生长时土壤的成分及稻谷品种的不同而有差异。

2.2.2.6 维生素

稻米中的维生素多属于水溶性 B 族维生素，如硫胺素（维生素 B_1）、核黄素（维生素 B_2）、泛酸、叶酸、吡哆醇、肌醇、生物素。其中又以硫胺素、核黄素最为重要，它们是人体中许多辅酶或辅基的组成部分，有增进食欲、促进人体生长的功能。缺乏维生素 B_2 会引起糖代谢旺盛器官和组织功能的紊乱，使人易得多发性神经炎及脚气病等。稻米中也含有少量的维生素 A，很少有或不含有维生素 C 和维生素 D。

稻米中维生素主要分布在糊粉层和胚中，米粒外层的维生素含量最高，越靠近米粒中心就越少。因此，糙米中维生素的含量比经过精加工的大米高，随着加工精度的提高，米中维生素的含量也逐渐降低。

2.3 糙米的品质

2.3.1 糙米籽粒的胚乳结构

糙米籽粒的胚乳有角质结构与粉质结构之分，这主要决定于胚乳中淀粉粒之间所填充的蛋白质的多少。如种植条件适宜，营养充足，成熟充分，胚乳中蛋白质含量较高，淀粉粒的间隙中所填充的蛋白质量较多，将淀粉粒挤得很紧密，则胚乳结构坚硬而透明，断面平滑，呈蜡质状，称角质胚乳。反之，如胚乳中蛋白质量较少，淀粉粒间有孔隙，则胚乳结构疏松，透光性差，断面呈粉状，粗糙而不平滑，色粉白，称为粉质胚乳。粉质部分在糙米腹部形成腹白，在中心部分形成心白。腹白和心白的大小称腹白度。

腹白度大的米粒，其胚乳结构疏松，耐压性差，在加工中易造成碎米，出米率低。此外，由于粉质部分的蛋白质含量较少，而淀

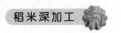

粉的含量则相对较多，所以食味也较差。

2.3.2 爆腰率和糙米出白率

2.3.2.1 爆腰率

在米粒上有横向裂纹，称为爆腰；爆腰米粒占试样的百分率，称为爆腰率。爆腰的糙米籽粒强度降低，加工时容易被折断，产生碎米，使出米率降低。爆腰率是评定稻米工艺品质的重要指标之一。

2.3.2.2 糙米出白率

糙米出白率是指净糙米经碾米后所得大米质量占糙米质量的百分率，它是评定糙米工艺品质的重要指标之一。

3
米制食品加工

3.1 米粉

米粉是起源于中国的传统食品，距今已有 2000 多年的历史。米粉又名米粉条、米线、河粉、米丝、米面或米面丝，是以大米为原料，经过浸泡、粉碎（或磨浆）、糊化、挤丝（或切条）、回生等一系列工序制成的米制品。

3.1.1 米粉的分类

米粉品种繁多，其品种、称呼因产地、生产工艺不同而不同。目前尚未对米粉制定国家标准。

3.1.1.1 按成型方式分类

① 切粉　切粉的成型是最后用刀切成型，多成扁平状。

② 榨粉　榨粉是采用挤压机通过挤丝模板压榨成型，多成柱状圆形。

3.1.1.2 按食用方式分类

① 湿米粉　湿米粉也称新鲜米粉，制成品水分含量较大，即产即食，又分圆粉和扁粉。

② 干米粉　干米粉是将湿米粉经干燥处理，含水量较小，可长期保存。

③ 速冻米粉　速冻米粉是将湿米粉在－30℃快速冷冻后，在0℃能长期保存的米粉。

④ 方便米粉　方便米粉是用热水冲泡后能马上食用的米粉。

3.1.1.3　按烹煮方式分类

① 汤粉　汤粉是在烹煮后加汤一起食用的米粉。

② 炒粉　炒粉是将米粉放在锅中炒制而成的米粉。

3.1.1.4　按粉碎方式分类

① 干法米粉　干法米粉是在原料不带水时将原料大米粉碎成粉末状的方法制得的米粉。

② 湿法米粉　湿法米粉是常规制粉法，是通过磨浆来粉碎大米而制得的米粉。

3.1.2　米粉的特点

米粉在大米制品中占有重要的地位，是大米深加工的主要产品，因如下几个突出的特点而深受人们的喜爱。

① 感官品质好　米粉是由大米制作而成的，质地柔韧、洁白细腻、晶莹透明、口感爽滑。

② 花色品种多　米粉可以做成各式各样的品种，如炒粉、汤粉、凉粉等，而每个品种又因地区不同有许多变化，因此使得米粉的花色品种非常多。

③ 价格低廉　米粉以大米为原料制得，原料价格不高，制作工艺不复杂，因此米粉的售价低廉，是一种适合大众化消费的食品。

④ 食用方便　米粉在食用时，或锅炒，或烹煮，或开水泡，食用都很方便，因此在全国各地都能见到。

3.1.3　直条米粉

直条米粉是一种传统米粉，在南方各省十分盛行，并且还大量出口，很受人们欢迎。

3.1.3.1　直条米粉的特性

① 外观美　米粉外观有各种粗细的圆形、扁形，色泽洁白，晶莹透明，条形挺直均匀。

② 口感好　食用时口感柔韧滑爽，有咬劲，久煮不糊汤，脱浆度小，不断条。

③ 成本低　直条米粉的主要原料是早籼米。早籼米价格低，来源广，原料丰富，因此制作的米粉经济效益好。

④ 耐储存　直条米粉由于包装严密，因此保质期长，可保质一年以上。

3.1.3.2　直条米粉的加工工艺流程

原料处理→浸泡→粉碎→筛分→榨粉→回生→汽蒸→二次回生→梳条→干燥→切粉→包装

3.1.3.3　直条米粉加工的操作要点

① 原料处理　对原料进行清洗，去除米粒表面附着的糠粉和其他杂质，使产品有良好的白度和透亮度。

② 浸泡、粉碎　浸泡是为了使大米充分、均匀地吸收水分。浸泡效果跟水温、时间有关，一般用清水浸泡18～24h，其间换水2～3次，使米粒充分吸水、膨胀。接着将充分吸胀的大米放入粉碎机粉碎，粉碎得越细越好，一般过60目筛即可。

③ 筛分　粉碎后的粉料中还含有杂质，且粗细不均，这都会给产品质量带来较大影响，因此粉碎后的粉料必须经过筛分。由于粉料中的含水量较大，达28%左右，可用振动筛等筛类来筛分。然后将粉料移入搅拌机中进行搅拌，最后要求手捏能成团，松开即散，含水量30%～32%为宜。

④ 榨粉　榨粉可分熟化和成型两个阶段。在熟化阶段，粉料在熟化筒内受螺旋的挤压、剪切、摩擦等作用，粉料被推送前进，并产生大量的热，粉料被加热，使淀粉料变软，同时发生一系列变化：淀粉被糊化，即 α 化，使大米粉料成为能够流动的凝胶。当熟化完成后粉料即进入挤丝阶段。在这阶段，淀粉凝胶在螺旋的作用下，通过不断地旋转推压，粉料受到强烈地摩擦作用，产生一定的

热量使粉料进一步升温糊化，最后这些粉料由成型头的头部被挤出，成型头上开有许多小孔，米粉条的粗细和形状即由其控制，随后将挤出的粉丝挂于杆上。

⑤ 回生　回生是将挤出的米粉丝移入回生房内静置一定时间，使糊化了的淀粉有时间适度硬化，同时使米粉丝水分平衡、结构稳定、粉丝间黏性减小、易于散开，不粘连。一般需 12～24h。回生的时间因环境温度、湿度的不同而异，以粉丝不粘手、不粘连、可松散、柔韧有弹性为度。

⑥ 汽蒸　汽蒸可使粉丝进一步熟化，增加柔韧性，烹调时糊汤率大大降低。汽蒸的工艺要求如下：尽可能使淀粉糊化均匀，提高 α 化度，特别是应使其表面进一步糊化。汽蒸是在蒸柜中进行的，蒸制时间的长短，与蒸柜的额定工作压力、粉丝的粗细度及榨粉时的熟化程度有关，具体要根据实际情况来掌握。

⑦ 二次回生、梳条　汽蒸后还要进行第二次回生，这时，将蒸毕的粉丝挂在晾粉架上，保潮静置 6～12h，使粉丝自然冷却、回生。晾置后要使粉丝不粘手、易松散、柔韧有弹性。回生后的粉丝仍会有少量粘连、重叠、散乱等现象，因此需要梳条。梳条的方式是用水洗、梳理的方式处理粉丝，使粉丝条形整齐，不得有粘连和并条现象，以利于烘干。梳条时，先将粉条放入冷水中浸湿，再将其搓散，然后用一把特制的大梳子进行梳理，使每根粉条都相互不粘连、不交叉、不重叠。

⑧ 干燥　干燥是为了降低粉条中的含水量。干燥多采用烘干方式，烘干的设备很多，为了保证粉条质量，多采用索道式烘干设备。该设备分三段：预干燥段、主干燥段和完成干燥段。各区段的温度和湿度各不相同。预干燥段温度为 20～25℃，湿度 80％～85％；主干燥段温度为 26～30℃，湿度 85％～90％；完成干燥段温度为 22～25℃，湿度 70％～75％。总的烘干时间为 6～7h，粉条的最终含水量为 13％～14％。

⑨ 切粉、包装　干燥后的粉条很长，需要进行切断。用切粉机将粉条切成 18～20cm 长（切粉机多采用圆盘式切割机），然后

放入周转箱中，送入包装间进行分检包装。直条米粉要求外观均匀挺直、无弯粉、无并头、无杂质、无气泡，再分别定量称取后放入包装袋中。

3.1.3.4 直条米粉加工时的注意事项

① 制作粉条的原料大米，其配比需要全面考虑，主要是考虑其中所含直链淀粉的多少，同时要兼顾原料价格、加工难易程度及产品的口感。

② 浸泡时间的长短直接影响产品质量，浸泡时间过长，粉碎时易结筛；浸泡时间过短，米粒过硬，不便于粉碎机的粉碎，挤出的粉条也易断条，因此应严格控制浸泡时间，一般冬天会长一些，夏天要短些。另外，浸泡用水应符合饮用水要求。

③ 大米经粉碎、筛分后含水量偏低，难以满足榨粉机的生产要求，需要补充适量水分，最终达到所要求的30%～32%含水量。

④ 榨粉时的温度控制很重要，温度低了，达不到糊化的要求，不能很好地糊化，因此要很好地调节熟化筒的压力。

⑤ 汽蒸条件对产品质量的影响很大。汽蒸条件主要是压力和时间，它们对粉条的断挂情况、产品的吐脱浆度和感官质量均有很大的影响。这需要通过实践来摸索最佳参数。生产中常采用0.04MPa压力，蒸制5～8min。

⑥ 烘干是生产中的关键工序，但是温度不能过高，过高会使直条米粉容易弯曲，成型性差，而且产品容易发脆、断裂；温度过低，米粉不易烘干，使米粉水分得不到有效控制。

3.1.4 波纹米粉

波纹米粉是一种表面呈波纹状的米粉。

3.1.4.1 波纹米粉的特性

① 感官品质好　粉条光洁明亮，有透明感，条丝粗细一致，呈好看的波纹状；外观为米白色，面、底色一致；烹煮时柔软爽口，风味好。

② 生产能力大　由于采用自动化生产，管理人员很少，机器

运转速率较高，因此能适应大规模生产的需要，经济效益也较好。

③ 保存期长　波纹米粉采用自动化生产，无须工人的直接参与，污染少，因此保质期一年以上。

④ 产品质量稳定　由于采用电脑控制各种参数，其工作参数都能得到较好而稳定的控制，所得到的产品质量也能均衡一致。

3.1.4.2　波纹米粉的加工工艺流程

原料处理→清洗→浸泡→磨浆→脱水→蒸粉→挤片→挤丝→成型→冷却→复蒸→切断→干燥→冷却→包装

3.1.4.3　波纹米粉加工的操作要点

原料处理、清洗、浸泡等，与直条米粉中的生产工艺基本相同，在此不多述。

① 脱水　脱水的作用是降低米浆中的含水量，使流态的米浆变为固态的粉团，以适应蒸粉需要。常用的较好脱水设备是真空脱水设备，它是一种连续式脱水设备，主要工作部件是一个真空脱水转鼓，在其周边上有许多小孔，周边围有薄布，其内腔与真空系统相连，使用时真空便将米浆中的水分吸走，使粉料沉淀在薄布上，再由刮刀将粉料刮下。脱水的要求是使含水量达到 37%～40%，且含水均匀。

② 蒸粉　蒸粉可使大米粉粒受热糊化，成为相互交联、具有一定流变学特性和可塑性的淀粉凝胶。蒸粉的方式有两种：一种是动态蒸粉；一种是静态蒸粉。前者用蒸粉机直接把大米脱水后粉料蒸制到所要求的熟度。后者是将粉碎后的大米粉料加水混合均匀后，用榨粉机将其挤成 3～4cm 长的生坯料，再进行蒸制。前者的机械化程度高，因此被广为采用。

粉料中的含水量对蒸粉有很大影响，在蒸粉机中的水分主要来自三个方面：大米粉浆，蒸粉时添加的粉头、米浆、添加剂等，蒸汽所给予的水分等。

③ 挤片、挤丝、成型　挤片又称压片，它的作用是使糊化后的粉料变得紧密而有韧性，并排除粉团内部中的空气。将蒸熟后的粉料挤压成长条片状，这种长条片状可供下面的挤丝机使用，并能

满足挤丝机均匀加料的要求。

粉片压出来后，喂入挤丝机，挤丝是和成型连在一起完成的，它利用超长螺旋挤丝机的强大挤压力，迫使米粉料经过出丝头并克服筛孔板的阻力而出丝。出丝后受外界空气影响自然形成弯曲，且限制米粉丝带与无级变速的成型输送带间的间距，使之能克服粉丝的重力而落在不锈钢输送网带上。由于不锈钢输送网带移动速度比粉丝带的出机速度要慢一些，有一定的速比，米粉丝出机后，就会产生不均匀的弯曲和不规则的折叠。出机后，由于外面安有冷风机，冷风机吹出的冷风使米粉丝表面的水分蒸发，温度降低，其表面变硬，形成弯曲平整、折叠规则均匀的波浪状。

④ 冷却　波纹米粉是连续生产的，因此它不可能像生产直条米粉那样有数小时的回生时间，因此只可能强制冷却，其作用是尽快吹干波纹米粉表面的水分，减小黏性，降低温度，疏松米粉。由于冷却时间短，大部分淀粉还是处于 α 状态，冷却时间不能太长，以免米粉表面发硬变脆。

⑤ 复蒸　波纹米粉的复蒸是为了进一步提高熟化度，尤其是其表面熟化度。在复蒸时，米粉吸收蒸汽中的水分，在 100℃ 的温度下会继续熟化，熟化度达 90% 以上，表面可以达到完全熟化。这样可使米粉增加韧性，降低断条，表面光滑柔润，提高透明度。

⑥ 切断、干燥　复蒸后的米粉是连续不断的，需要将其切断，切成 10～12cm 的小段，然后入干燥机干燥。波纹米粉的干燥原理与直条米粉相同。但在干燥过程中，应当快速固定淀粉的 α 化，防止淀粉的 β 化，这样可使米粉有较好的复水性能。因此要求烘烤的时间要短，烘烤的温度要尽可能高。现在企业中多采用三段式高温高湿循环干燥机，它分三个温度段：第一段为预干燥段，温度为 30～40℃；第二段为干燥段，温度为 60～70℃；第三段为终干燥段，温度为 40～60℃。这种烘干机各段均采用较高的温度，因此干燥的速度较快。总的干燥时间为 1.5～2.5h。

⑦ 冷却、包装　从烘干机出来的米粉温度尚高，需要再次冷却。可用鼓风机强制冷却或自然冷却，使其温度降到 30℃ 以下。

随后即可进行包装。包装有袋装、碗装和纸箱装等几种。

3.1.4.4 波纹米粉加工时的注意事项

① 米浆脱水是生产波纹米粉技术关键，脱水需将其含水量降低到37%～40%，脱水的方法有多种，较好的方法是压滤法。

② 由于在波纹方便米粉生产工艺中，没有水洗工序，粉丝间易产生粘连，为此，挤丝设备模板的孔距应适当加大。

③ 浸泡是生产中的关键工序之一，它的最终标准是用手搓能搓碎，但又没有白心，不能浸泡过度。

④ 出丝头与输送带间的间距要注意调整，若间距过大，米粉被自重拉直，波纹不细密；若间距过小，波纹太细密。

⑤ 在通风冷却时，其通风的风力、风向要注意控制，如果通风不适当，会促使米粉表面硬化，则米粉刚性不足，成型不规则，不会出现波纹。

3.1.5 河粉

河粉又称切粉、沙河粉、鲜河粉，原产于广州市的沙河镇，故而得名。它是把蒸熟成片的片料用刀切成长方形的细条状，故称切粉。

3.1.5.1 河粉的特性

① 食用方便　河粉食用起来十分简便，无论是做汤粉、炒粉、拌粉均十分简单快捷。如做汤粉，只要将河粉置于开水中热烫一下，再把它下到汤中即可食用，十分快捷。

② 口感好　河粉晶莹洁白，口感清爽滑溜，有大米的特色。它 α 程度高，比一般米制品更容易消化吸收。

③ 工艺简单　河粉的整个生产工艺比较简单，设备少，几个人就能制作，因此很多小作坊也能生产，易于推广。

④ 花色品种多　河粉在食用时，可添加虾皮、虾米、姜、葱等，或汤煮，或炒制，或凉拌，还可加入各种辅料，制成品种多样的河粉。

但是，由于河粉的含水量大，保存比较困难。

3.1.5.2　河粉的加工工艺流程

原料处理→浸泡→磨浆→筛滤→摊浆→蒸片→冷却→切条→成品

3.1.5.3　河粉加工的操作要点

① 原料处理、浸泡　原料以早籼米为主要原料，再添加不同比例的其他淀粉，如马铃薯淀粉、玉米淀粉、蕉芋淀粉、马蹄淀粉等。添加马铃薯淀粉可使河粉透明度增高，黏性和弹性增强，添加量为3%左右。添加玉米淀粉可使河粉白而透明，黏性下降，硬度增加，玉米淀粉的添加量为5%左右。添加蕉芋淀粉可使河粉的黏性和韧性增强，透明度增加，蕉芋淀粉的添加量为3%左右。添加马蹄淀粉可使河粉的韧性增强，一般添加量为3%左右。

以上是添加各单种淀粉对河粉食用品质的影响，如果是混合添加，其河粉的品质会得到更多的改善。较好的淀粉配比为：玉米淀粉5%、土豆淀粉2%、蕉芋淀粉2%、马蹄淀粉1%，具体比例要视各种价格综合比较后确定。

② 磨浆、筛滤　磨浆时应将各种原料共入磨浆机，磨浆的基本操作与直条米粉相同，磨好的米浆过60～80目筛，滤去粗粒，最后用泵输送至储浆罐中。为了避免米浆沉淀，此储浆罐安置了搅拌器，可以按需要进行搅拌。

③ 摊浆　摊浆是使米浆连续、自然、均衡地流摊到浆料带上。它是由粉层厚薄调节器完成的，使米浆均匀地涂布于浆料带上，随浆料带进入蒸片机中。

④ 蒸片　蒸片的目的是将米浆蒸熟，它是在蒸片机中完成的。调好的米浆在蒸片机中通过升温使淀粉吸水膨胀而糊化。由于米浆含水量高，浆片薄，厚度仅为0.5～0.7cm，因此熟化度高，α化度达到90%以上。蒸片机内蒸片时的温度要求保持在96～100℃，并使温度均匀，米浆吸热均衡，熟度一致。

⑤ 冷却　从蒸片机中出来的粉片温度很高，必须尽快冷却，并蒸发其表面水分，降低黏度，以利于切条。冷却还可以使淀粉产生部分回生，避免粉片过于柔软，保持其口感滑爽。在实际生产

中，多采用排风机强制冷却。

⑥ 切条　粉片冷却后，即被刮离浆片带，再被输送到托辊上。托辊将粉片送入切割区，利用回转式多刀将粉片切断成条状，宽度一般为 5cm 左右。切成条状的米粉即可装入周转箱上市销售。

3.1.5.4　河粉加工时的注意事项

① 原料大米的选择对米粉质量影响较大，一般应以籼米为主，再配以一定量的粳米。为改善河粉质量，再加入适量其他淀粉。

② 在原料中加入其他淀粉是河粉的一大特色，各种淀粉的糊化性质不同，它们共同作用的结果提升了河粉的食用品质。

③ 在蒸片时要控制好温度，温度过高，粉片表面会出现皱纹；温度过低，粉片糊化度不够，表面会泛白，缺乏光泽。

④ 在用回转式多刀对粉片进行切断时，一要注意调整好刀片间的间距，由此来控制河粉宽度；另外，其刀口处要定期涂敷食用油，以免发生粘连。

⑤ 若要添加辅料，可在磨浆时加入，需先将它们调成糊状加入其中，再通过磨浆，使这些添加物与米浆混合均匀。

⑥ 磨浆后的米浆应当色泽一致，温度适宜，手感细嫩、润滑，无微粒感，且浓度均匀。

3.1.6　方便河粉

方便河粉是在鲜河粉的基础上发展起来的一种米制方便食品。

3.1.6.1　方便河粉的特性

方便河粉除了具有鲜河粉的特点外，还具有以下几个独特的特点。

① 复水快　方便河粉复水的时间短，只要数分钟就够了，并能保持鲜河粉的风味。

② 携带方便　方便河粉含水量不到 13.5%，干物质多，因此携带方便。

③ 保质时间长　方便河粉含水量少，小于 13.5%，因此微生物难以生长，一般保质期可达半年以上。

3.1.6.2 方便河粉的加工工艺流程

原料处理→浸泡→磨浆→筛滤→摊浆→蒸片→冷却→预干燥→回生→切制→成型→干燥→冷却→包装

3.1.6.3 方便河粉加工的操作要点

方便河粉的生产工艺是鲜河粉生产工艺的延伸，其相关工艺也相近，在此不再赘述。这里只就蒸片、冷却后的工序操作要点加以说明。

① 预干燥　粉片被蒸熟后经过强风冷却，将粉皮表面的水分吹干，这时粉片中的含水量达 60% 左右，即进入预干燥工序。通过预干燥，将大大降低粉皮中的含水量。烘干一般用连续回转式烘干机，机体内按温度不同分三段，预干燥段，50～55℃；主干燥段，65～70℃；完成干燥段，55～60℃。总的预干燥时间为 35～45min。

② 回生　回生又称老化。其作用有二：一是减少粉片的内应力，使其机械强度增大，产品柔软有咬劲；二是使粉片内水分分布均匀。由于预干燥后粉片表面的温度及含水量均低于中心，也就有利于内部的水分和温度向外部转移。

影响回生效果的因素主要是环境和时间。如果为粉片在回生时营造一个小环境，保持合适的湿度，就会促进粉片在表面吸潮的同时，其心部的水分很快向外扩散，使粉片中水分很快趋于平衡。合适的回生时间为 2～3h。

③ 切制、成型　将回生后的米粉片切成长 400mm、宽 5mm 的束状粉条，切出的粉条应平直、光滑、无毛边、无并条、无弱条、无折叠。粉块成型后，大小和质量应基本一致。粉头应收压在粉块底部中心或转折处，松紧适度，排列有序。

④ 干燥　将折叠成块状的方便河粉称量后装入干燥机链盒中，随链带一起回转，米粉便在回转中得以干燥。一般的烘干温度为40～50℃，其最高温度不得高于 55℃，时间为 2～3h。干燥的最终要求是粉条中的含水量不大于 13%。

⑤ 冷却、包装　从烘干机中出来的河粉，温度较高，需要排风机强制冷却，使其降到 30℃ 左右，然后再进行包装即为成品。

3.1.7 发酵米粉

发酵米粉是利用自然发酵生产的一种米粉，如常德米粉、桂林米粉等。

3.1.7.1 发酵米粉特性

① 食用品质好 大米经发酵处理后，由于支链淀粉被降解，直链淀粉增强，使米粉更柔韧，口感更好。

② 有利于消化 大米经发酵后，一些物质被降解，更容易消化。

③ 外观好 由于发酵作用，降低产品的灰分，制作的米粉外观更加洁白，透明感更好。

3.1.7.2 发酵米粉的加工工艺流程

原料处理→发酵→水洗→磨浆→蒸片→挤丝→水煮→蒸粉→冷却→切断→成品

3.1.7.3 发酵米粉加工的操作要点

① 原料处理 作为发酵米粉的原料，主要选用一年以上的早籼米，根据所含直链淀粉的情况，再与别的大米进行搭配，最后清理除杂。

② 发酵 将混合均匀的大米放入浸泡发酵池中，浸泡水量与原料之比为 1∶1.4。一般采用常温浸泡，夏天需 3～4 天；冬天 5～6 天。若用热水浸泡，可缩短 1～2 天。尽量少洗米，洗米过度，米粉会发白，少光泽。若发酵时间不够，米粉松脆易断，无咬劲；若发酵时间过长，则米会发臭，米粉带酸臭味。

③ 磨浆 发酵后的原料即可进行磨浆。在磨浆前应加入一定量的醪糟。醪糟又称头子，是当天没有销售完的米粉，它本身是糊化后的淀粉，也是一种淀粉凝胶，具有一定的黏稠性，添加量 10%～15%。醪糟加入多，制成的米粉要软一些；反之，则会硬一些。将醪糟浸泡 1～2h 后铲断成小段，随原料一起进入磨浆机。磨浆时要求越细越好，磨完后将米浆过 80 目筛，手摸应细腻、无颗粒感。米浆的含水量为 50%～54%。

④ 蒸片、挤丝　米浆磨好后，由摊片机摊成薄片，片厚 3.6mm 左右，再进蒸片机中，蒸片压力为 0.25～0.35MPa，温度为 92～95℃，时间为 100～120s。随后，蒸片进入挤丝机，它在挤压头的强大压力下从挤丝板中挤出，挤丝板的孔径有多种，可根据产品要求选择。对挤丝的要求是：断条少，少起皱纹，粉条表面光滑，出丝连续，均匀一致。

⑤ 水煮、蒸粉　由挤丝机出来的粉丝流入水煮锅，水要一直保持沸腾状态，温度在 95℃ 以上，水煮时间在 30s 左右。然后，将粉丝进行蒸制，以进一步提高粉丝的熟化度，蒸粉的时间控制在 90～110s。

⑥ 冷却、切断　粉丝蒸完后立即进入冷水中进行水洗冷却，要用冷水冷透，水洗的时间在 20min 左右。所得粉丝的含水率在 65% 以上，米粉的出粉率为 225% 以上。接着将粉丝定长切断即为成品，可进入销售了。

3.1.7.4　发酵米粉加工时的注意事项

① 发酵时，尽管采用热水发酵的时间会缩短，但应尽量采用冷水发酵，因为冷水发酵的效果要好些。

② 发酵米粉的发酵过程控制的好坏，对米粉质量影响很大，控制不当，米粉容易断条，没咬劲，甚至会使米粉变臭。由于是自然发酵，多靠经验控制，难度也会大些。

③ 挤丝机的压力对粉丝质量影响较大，挤丝压力过大，米粉会较硬变脆；压力过小，则米粉不够紧密，水煮时容易膨化，断条，容易漂浮。

④ 大米磨浆可以采用干磨，也可采用湿磨，湿磨大米对淀粉的损伤率明显低于干磨，因此，应尽量采用湿磨。

⑤ 在制作发酵米粉时，常在原料中添加一定量的醪糟，否则难做出好的米粉。使用时应将醪糟浸泡 1～2 天，再铲成断条，然后与浸泡大米一起磨浆。醪糟的添加量一般为 10%～15%，根据实际情况来决定醪糟的添加量。

3.1.8 保鲜湿米粉

保鲜湿米粉是在传统发酵米粉工艺基础上开发的一种新型方便食品。

3.1.8.1 保鲜湿米粉的特性

① 食用品质好 保鲜湿米粉有新鲜米粉的口感和风味，吃法多样且风味各异，可汤食、凉拌、炒食，也可用微波炉加热拌汤料直接食用。

② 感官品质好 保鲜湿米粉具有发酵大米产品特有的气味和香味，并略带酸味，冲泡食用时不混浊，滑爽，有韧性。

③ 经济效益好 保鲜湿米粉生产时无需干燥，含水量高达60％以上，因此可以节约能源，减少设备费用。

但是，由于保鲜湿米粉的水分含量较高，即使在寒冷的冬季，也只有1天的保质期，因此大大限制了保鲜湿米粉的销售。

3.1.8.2 保鲜湿米粉的加工工艺流程

原料处理→发酵→磨浆→摊浆→蒸片→冷却→抗老化处理→挤丝→成型→蒸粉→切断→冷却→酸浸→沥干→包装→杀菌→冷却→保温→包装→成品

3.1.8.3 保鲜湿米粉加工的操作要点

保鲜湿米粉是发酵米粉工艺的延伸，因此保鲜湿米粉在其工艺的前一部分与发酵米粉是相似的，对这段工艺，可参考发酵米粉加工技术，本文不再多述。这里仅就保鲜湿米粉的延伸工艺部分分别加以介绍。

① 抗老化处理 通过生物技术处理，使直链淀粉适度降解，以保证湿米粉在长期保存后食用时仍然柔软。

② 冷却 冷却是用冷水清洗，其目的是将米粉表面的淀粉洗去。米粉遇冷收敛，更具凝胶特性；米粉也更滑爽，糊汤少。水洗多用自来水清洗数分钟，使其降至室温即可。

③ 酸浸 酸浸是保鲜湿米粉生产中的特有工序。酸浸是为了降低粉条的pH，使成品的pH控制在4.0～4.3，确保产品在货架

期内的安全性。由于米粉组织较紧密，不易吸酸，因此酸浸时间要长些。一般的工艺条件是：酸浓度为 1.5%~2.0%，酸浸时间为 1.5~2.5min，水温 25~30℃。

④ 包装　包装分两次，这是第一次包装，即内包装。包装材料宜选用耐热、不透气的聚丙烯（CPP）或低密度聚乙烯（LDPE）材料，将之做成蒸煮袋。包装前需将米粉水分沥干，去掉表面过多的游离水，沥水时间为 8~10min，成品最终含水量为 65%~68%。包装时，先滴入几滴大豆色拉油，防止高温杀菌时米粉结团、粘条。最后将称量好的米粉装袋，最好采用低真空包装，随即封口。

⑤ 杀菌　湿米粉含水量大，很容易受到微生物的侵袭而变质，必须进行杀菌。杀菌的方式很多，常用的有水浴杀菌和蒸汽杀菌。这里采用蒸汽杀菌，杀菌条件是：温度 93~95℃，时间 35~40min，袋中心的温度应达到 92℃，并保持 10min。

⑥ 冷却、保温　杀菌后的米粉需要尽快冷却，可采用排风机强制冷却，让包装袋在转运过程中得到冷却，使之降到室温。然后把包装袋送入保温库中，在（37±1）℃条件下保温 7 天。

⑦ 包装　保温 7 天后出库进行逐袋检查，剔出膨胀袋、渗漏袋；抽样检查袋中微生物指标是否超标，对于合格产品可配以调味汤料，然后进行外包装，即为成品。

3.1.8.4　保鲜湿米粉加工时的注意事项

① 酸浸时，一般采用缓冲液来配制酸浸液，较理想的缓冲液是乳酸/乳酸钠缓冲液，应先配制好，再用其来调整酸度。

② 保鲜湿米粉的原料中可添加一些食品添加剂，如变性淀粉、甘氨酸、食盐、魔芋精粉、大豆色拉油、丙二醇等，这些添加剂的加入，对提高产品的品质有较大的作用。

③ 杀菌时的温度过高或时间过长，都会对保鲜湿米粉的品质带来不利影响。酸浸的作用是为了降低其杀菌强度，但要注意添加酸液的浓度。

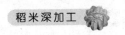

3.1.9 速冻米粉

速冻米粉是一种在极短的时间内将鲜米粉迅速冻结，并在低温下冷藏的米粉。

3.1.9.1 速冻米粉的特性

① 复原形态好 速冻米粉在极短的时间内迅速冻结，在其组织内形成众多微小而均匀的小冰晶，因此细胞的组织结构不会受到机械损伤，解冻后能较完整地恢复原状。

② 食用品质好 速冻米粉由于是速冻，快速通过了淀粉老化最快的温区（0～4℃）和冰晶最大的形成区（－4～0℃），产品能最大限度地保存原来米粉的品质，解冻后食用与原来新鲜米粉的口感无大差异。

③ 保质期长 速冻米粉是在－18℃以下的低温下进行储存。在这个温度下，微生物的活动受到极大限制，它们只能处于休眠状态，可大大减缓微生物的破坏作用而延长其保存期。其保质期可达一年以上。

④ 安全卫生 速冻米粉是利用低温来保存米粉原有的品质和成分，而不借助任何防腐剂等添加剂，因此其品质可叫人放心。

⑤ 市场潜力大 速冻米粉以其方便、卫生、安全、营养等特性，深受广大群众的欢迎，因此市场需要量大。

但是，速冻米粉所需要的冷冻设备比较复杂，其造价也比较高。

3.1.9.2 速冻米粉的加工工艺流程

原料米粉→切断→回生→称量→速冻→镀冰衣→包装→冷藏→成品

3.1.9.3 速冻米粉加工的操作要点

速冻米粉的前段工艺与鲜米粉的加工相同，在此不赘述。这里只就后段工艺进行说明。

① 切断、回生 米粉经成型后按照设计的长度，将其按定长切断，一般为30～40cm。然后将切断的米粉放入冷水中进行充分

冷却回生，水温在10℃以下，便于米粉凝胶的形成。同时，将米粉温度降低到0～5℃，这样有利于以后的速冻操作。

② 称量、速冻 按每个包装袋所包装的质量进行称量，然后把它们放入冻结筐内，随小车进入隧道式冻结装置，在这个隧道内通入冷风使米粉得以速冻。隧道内采用液态氮快速冷冻，冻结温度为−35～−25℃，冻结时间为20～30min，米粉中心的温度应达到−18℃以下。

③ 镀冰衣 镀冰衣是速冻米粉生产中独特工艺，它是米粉外面包裹一层薄冰而得名。米粉穿上了这么一件冰衣，可以长久地保证米粉的品质，还可防止在冷藏过程中的水分蒸发和氧化变色。操作时，将速冻好的米粉放入不锈钢丝篮或有孔塑料篮中，将其浸入1～3℃的水中，时间2～3s，随后离水晃动，使水均匀地附着于米粉表面，随后如此重复浸渍一次，在米粉外面会很快穿上一件晶莹透明的冰衣。

④ 包装 穿上冰衣的速冻米粉应立即进行包装，这样可以防止米粉在冷藏时出现的脱水和氧化变色。常用薄膜材料进行包装，应采用耐寒塑料，如聚乙烯类塑料制作的薄膜袋。包装上的标签应符合国家标准或企业标准，封口符合要求，日期打印明显准确。包装好的产品应立即送到冷库储藏。

⑤ 冷藏 速冻米粉应立即用专车送往冷库冷藏，库温为−21～−18℃，相对湿度为95%～100%。产品在库中应堆放整齐，离地10cm以上；堆放高度不能太高，不得使外箱产生变形；库温波动不能太大，应控制在±1℃范围内，否则易发生重结晶现象，严重影响产品品质。

3.1.9.4 速冻米粉加工时的注意事项

① 为了保证包装质量，所有包装材料都应在包装前预冷，预冷温度在−10℃以下。

② 速冻米粉在−4℃以上时会发生重结晶现象，这样会极大地降低速冻米粉的品质，因此在其速冻后所处的温度均不得高于−5℃。

③ 产品在冷库中冷藏时，应将合格品、待检品分开堆放，做

好明显标记。并要注意保持库温，防止跑冷。

④ 速冻米粉在储藏和运输过程中应保持低温，并避免温度波动太大，否则产品表面会有不同程度的融化、再冻结，产生冰晶不匀现象。

3.1.10 即食过桥米线

即食过桥米线并不是云南的传统过桥米线，它是借过桥米线之名而取的名。即食过桥米线的生产历史不长，但其生产量已后来居上，成为受大众欢迎的方便食品。

3.1.10.1 即食过桥米线的特性

① 复水快 即食过桥米线较其他米粉的复水性都要好，其复水时间不超过 4min。

② 风味好 即食过桥米线采用了挤丝自熟工艺，米粉受到微膨化，因此制作的米粉特别柔软，口感很好，很受大家欢迎。

③ 感官品质好 即食过桥米线有大米的固有色泽，有油润透明感，有大米的天然香味。

④ 工艺较简单 即食过桥米线采用了挤丝自熟工艺，简化了一些工序，使得其整个工艺显得较为简单，也减少了投资，增加了效益。

3.1.10.2 即食过桥米线的加工工艺流程

原料处理→粉碎→拌料→挤丝→回生→搓丝→干燥→冷却→包装

3.1.10.3 即食过桥米线加工的操作要点

即食过桥米线的生产工艺与云南过桥米线的生产工艺有很大不同，下面就其主要操作要点加以说明。

① 原料处理 制作即食过桥米线的原料应采用精大米，将这些原料送入射流洗米机，射出的水流将米粒上的灰尘和糠皮等杂质冲洗掉，并随时排出污水。洗米的时间视水的清澈程度而定，一般为 5～8min，洗净后的大米进行沥干。

② 粉碎、拌料 将沥好水的大米移入粉碎机中进行粉碎，再

过 60 目筛，然后进入拌粉机，如需要加入添加剂，可在此工序加入。再加入少许净水充分搅拌均匀。

③ 挤丝　挤丝是本工艺中的关键工序，对产品品质影响极大。挤丝是在挤丝机中完成的，挤丝机多采用单螺杆挤压。挤丝时，先将预热板装好，然后喂入部分搅拌好的粉料，开动挤丝机，再使粉料从出口排出，随即又让粉料进入挤丝机，如此反复操作，待挤丝机达到一定的温度后，卸下预热板，装上挤丝板，就可以进行挤丝操作了。粉料在挤压筒内受到螺杆的强力推送，在强力搅拌、挤压、剪切等共同作用下，温度升高，淀粉料得以熟化、糊化，并从挤丝板中挤出成丝状。

④ 回生、搓丝　挤丝机出来的米线立即送到上架机构，进入吊挂式回生装置，在这里米线得以冷却、回生。回生的时间视米线开条的情况而定，一般在 5h 以上。回生后的米线有部分仍有粘连，为使其分散，米粉随即进入搓丝机，在这里米线受到揉搓，而得以充分松散。

⑤ 干燥、冷却　松散后的粉丝可立即进入干燥工序。干燥的设备有多种，一般采用三段式干燥设备。干燥过程要遵循"中温出汗、高温收水、低温还原"的干燥机理，这样就能使米粉水分内外均匀一致，温度也接近室温。这样生产出来的米粉断条率最低，复原后汤汁中淀粉物的含量也较低。干燥后的米粉立刻进行冷却，可采用排风机强制冷却，使米粉尽快降到室温。

⑥ 包装　降到室温的米线经称量后，配以调料包装，即为成品。

3.1.10.4　即食过桥米线加工时的注意事项

① 即食过桥米线由于是采用粉碎机粉碎，其粉碎的粒度对产品的质量有很大的影响，要求是越细越好，筛理时应不低于 60 目筛。

② 挤丝时粉料的水分含量对米粉质量有较大的影响，含水量低，糊化难均匀；含水量高，物料的流动性大，压力降低，温度达不到要求，糊化度也低。因此要控制粉料的含水量，一般控制在

37%～40%较好。

③ 挤丝机机体的温度控制对产品质量的影响很大，机体温度过高，粉丝会过度膨化，应及时注入冷水降温；而机体温度过低，又难以糊化、熟化，因此应当控制好机体温度。

3.1.11　自熟方便米粉

3.1.11.1　自熟方便米粉的特性

① 感官品质好　自熟方便米粉外观条形挺直、粗细均匀、光洁平滑、无并条、无断条；色泽乳白透明；有大米的正常香味；口感滑爽、有咬劲。

② 复水快　由于此加工技术中在复蒸淀粉糊化后立即进行干燥，糊化的淀粉结构被固定，不会回生而 β 化，因此复水也比较快。

③ 食用品质好　自熟方便米粉由于在原料中加入了一些能改善米粉品质的添加剂，使得米粉的食用品质有较大的改善，米粉也更加透明、光滑、有弹性、回生慢、断条少、口感好等。

3.1.11.2　自熟方便米粉的加工工艺流程

原料处理→洗米→浸泡→磨浆→过筛→脱水→打碎→混合→自熟挤丝→切断→回生→复蒸→干燥→冷却→包装

3.1.11.3　自熟方便米粉加工的操作要点

① 原料处理　大米是制作米粉的主要原料，应选用精度高的大米，尽量减少大米所含的纤维和灰分，以提高米粉质量；还要考虑支链淀粉和直链淀粉恰当的比例。为此，可选早籼米为主要原料，再辅以适量的粳米或其他淀粉。将选好的大米进行清理，剔除其中的各种杂质。

② 洗米、浸泡　洗米的时间一般取 10～20min，浸米的时间为 4～8 天，夏天短冬天长，中间结合洗米并换水一次。大米含水量为 26%～28%。

③ 磨浆、过筛　浸泡后的大米立刻进入磨浆机，将大米磨成米浆，要求磨得越细越好，随即进行过筛，使米浆过 60 目筛。

④ 脱水、打碎　脱水是脱去米浆中的多余水分，脱水的方式很多，如离心脱水、真空脱水、压滤脱水等，要求脱水后的含水量不大于40%。然后将其打成小碎块。

⑤ 混合　将脱水粉块与其他原料一起移入混合机。为了改善米粉品质，在自熟方便米粉的原料中还加入了一些添加剂。因为单纯用大米制作出来的米粉复水时间长，为解决此问题，需要加入能防止淀粉回生，增加米粉韧性、弹力，使其软爽滑口的添加剂，如乳化剂、增稠剂。常用的乳化剂有甘油单（二）脂肪酸酯、蔗糖脂肪酸酯等；常用的增稠剂有变性淀粉、黄原胶、琼脂、魔芋粉、CMC、海藻酸钠等。将这些添加剂按配方比例加入，然后开动混合机将这些原料充分混合均匀。

⑥ 自熟挤丝、切断　自熟挤丝是本工艺的一种特有工序，它可在挤丝过程中完成米粉的熟化。要达到熟化的效果，需要合适的温度。操作时，在进料斗中加入一定量的热水，将机体预热，再将粉料从投料口投入，开始只能少量加入，待机器正常运转后再把混合料堆放在料斗中，混合料便会自重下落，在螺旋的推送下从机头成型板的孔中匀速流出，一步挤丝成型为米粉。粉丝从成型孔板排出后，经排风扇强力排风而快速冷却；随即被不锈钢挂杆挑起，再按需要长度切断，被自动吊挂后传送。

⑦ 回生、复蒸　被自动吊挂后传送的粉丝，将它们放入密闭容器中进行回生，促使淀粉凝胶的形成，使米粉具有很好的弹性和韧性，时间为4～10天。为了使复水性更好，还要将米粉进行复蒸，使米粉重新糊化。

⑧ 干燥　复蒸后的米粉立刻进入烘干机进行烘干，使米粉迅速脱水干燥，以固定β化状态的结构，防止回生现象产生。可先用热风干燥将米粉表面水分迅速蒸发，以使米粉外形固定；然后用微波加热干燥，使水分从内向外移动，达到水分均匀除去的效果。

⑨ 冷却、包装　当米粉含水量达到13%以下时，干燥即可结束。然后让其冷却到室温，再与汤料一起进行包装。

3. 1. 11. 4　自熟方便米粉加工时的注意事项

① 制作米粉的大米应采用陈化 6～12 个月的大米，这时的大米结构及营养成分等都已基本固化，淀粉结构稳定，糊化时，淀粉具有较好的凝胶特性。

② 挤丝板出口的大小、形状及孔洞数也会影响产品的品质，孔径小，送料筒的压力大，温度也高，也越易糊化，一般方便米粉的出丝孔孔径为 0.5～0.8mm。

③ 添加剂能改善米粉的某些品质，但添加量的多少要注意调配，既要改善品质，又不能添加过多，否则会增加米粉成本，还有可能对人体带来不利影响。

3.2　方便米饭

方便米饭是一种不需再进行蒸煮即可直接食用的食品，在追求高效率的今天，这种方便米饭越来越受到人们的欢迎。

3.2.1　方便米饭的特性

① 食用方便　方便米饭都是经熟化后制成的食品，有的打开就能食用，如蒸煮袋米饭；有的复水后就能食用，如脱水米饭等，都十分方便。

② 方便携带　方便米饭给人就是方便，对于流动性强，如旅游、野外作业、工地等的人们来说，更是有其独到的好处。

③ 保质期长　方便米饭在生产过程中均进行了各种形式的杀菌处理，再行密封，外界微生物很难侵入其中，因此它的保质期也较长。

3.2.2　方便米饭的种类

3.2.2.1　按生产工艺分类

① 脱水米饭　脱水米饭是将做好的米饭脱水后而得，在食用时复水（加开水浸泡）数分钟即可食用。它又分为两种类型：多孔

性脱水米饭和非多孔性脱水米饭。脱水米饭有 α 化饭、冷冻干燥米饭、膨化米饭等。

② 保鲜米饭　将加工好的米饭在无菌环境中，直接密封入包装容器，并保证容器内没有受到细菌的污染，从而不必再经高温杀菌就可达到长期保存的目的，如无菌包装米饭。

③ 冷冻米饭　即将蒸煮好的米饭，在 −40℃ 的环境中急速冷冻，并在 −18℃ 以下冻藏。冷冻米饭是利用食品冻藏原理加工的保鲜米饭产品，包装后不杀菌而是去速冻，因此化冻后稍微加热就可在口感、形态上和新鲜米饭一样。

④ 自热米饭　自热米饭是在盛装大米的容器底部自带发热包，当与水接触时，发热包即刻升温，短时间内温度就可以达到 150～180℃，将生米炊熟。主要包含 3 个部分，即热源、激活剂和被加热米饭。

3.2.2.2　按包装和储藏方式分类

按包装和储藏方式不同可分为冷冻米饭、罐头米饭、蒸煮袋米饭、冷藏米饭、无菌包装米饭等。

3.2.2.3　按风味分类

方便米饭由于风味不同，而有不同品种，如三鲜方便米饭、肉丝方便米饭、酸辣方便米饭、什锦方便米饭、海鲜方便米饭等。

3.2.3　方便米饭的发展前景

方便米饭是目前非常看好的产业，人们称之为"朝阳产业"，它已显示出强大的生命力，其理由如下。

① 方便米饭的方便化、营养化，减少人们在煮饭上的时间消费，将民众从家务中解脱出来，享受更多的休闲时间，营养更合理，提高了生活质量。

② 当前对方便米饭的研究已逐渐进入成熟阶段，生产技术、生产工艺、生产设备等也已配套成型，为方便米饭的发展提供了强大的支持。

③ 目前中国方便米饭的生产还处在刚刚起步的阶段，基本上

没有形成市场规模，发展的空间十分广阔，会有一个非常好的销售市场。

④ 近几年来，发达国家如日本、美国在方便米饭的生产技术上已取得了重大突破，为方便米饭的发展提供了有力保证，已能够进行大规模工业化生产。

⑤ 方便米饭是现代文明象征，因为它的特点是加工集约化、经营社会化、成分营养化，从而使厨房劳动真正社会化成为可能。

⑥ 方便米饭问世的时间虽不长，但已体现出较强的竞争力，可以和市场上其他方便食品相竞争。随着收入提高，饮食已不仅仅是一种生存需要，而将逐步成为一种享受，居民希望有更多口感好、营养佳、省时、省力的方便食品。

3.2.4　α化米饭

α化米饭又称速煮米饭，是脱水米饭的一种。最早起源于第二次世界大战期间，当时是为了军队野战的需要而发明的，由于它有诸多优越性而越来越受到人们的欢迎。

3.2.4.1　α化米饭的特性

① 食用方便　α化米饭不用蒸煮，只需用冷水或热水浸泡就可成饭食用，非常方便。

② 便于携带　α化米饭生产时工艺较简单，经脱水后含水量不到10%，因此自重轻，耐储藏，运输、携带都十分方便。

③ 保质期长　α化米饭因为含水量少，细菌难以生长，对产品的保质十分有利，可经久不坏。

但是，α化米饭的外观和风味与传统米饭仍有一定的差距，而且加工时耗能也较高。

3.2.4.2　α化米饭的加工工艺流程

原料选择→淘洗→浸泡→蒸煮→冷却→离散→干燥→冷却→包装→成品

3.2.4.3　α化米饭的加工操作要点

① 原料选择　原料选择很重要，大米品种对成品的质量影响

很大，要选用新鲜的、质量较好的大米，要根据方便米饭的品质要求合理选择。

② 淘洗　淘洗前要对大米进行整理，即去掉其中的杂质，然后进行淘洗。淘洗是为了去掉黏附于米粒表面的粉末杂质、灰土、米糠等。清洗用水应符合饮用水标准，可淘洗 3~4 次。

③ 浸泡　浸泡的目的是使米粒充分吸水，这样才有利于淀粉蒸煮时充分糊化，浸泡后大米的含水量应在 30％以上，才能使淀粉全部糊化。浸泡可分常温浸泡和加温浸泡两种。在浸泡时，大米的吸水速度与其品种、精度、粒度、水温、米的新陈度等多种因素有关。为提高米粒的吸水速度，可在真空环境中进行浸泡，这可大大提高米粒的吸水速度。

④ 蒸煮　米粒的熟化是通过蒸煮完成的，蒸煮是整个工艺中最重要的一环。通过蒸煮，米粒中的淀粉产生糊化，可溶性营养成分向内部转移。当糊化度大于 85％时，米饭即煮熟。为使蒸煮后米粒不发生粘连，可在蒸煮前加入适量抗黏剂，如有机酸、食用油脂等，可防止米粒的相互粘连。蒸煮可采用汽蒸或炊煮，蒸煮时间一般控制在 15~30min。

⑤ 冷却、离散　经蒸煮后的米饭，含水量高达 65％~70％，温度也在 100℃左右。虽然加入了抗黏剂，但由于米粒表面糊化层的影响仍会互相粘连，为使米饭能均匀地干燥，必须使结团的米饭离散。离散时，米饭的温度应低于 55℃，为此，需要将其冷却后再行离散。离散的方法有多种，常用的有冷水冷却离散、喷淋离散液离散、短时冻结离散、机械设备离散。

⑥ 干燥　干燥是工艺中重要的一环，其作用是使处理好的米饭颗粒脱水，得到含水量在 10％以下的 α 化干燥米饭。米饭离散后均匀地放入不锈钢网盘中，应尽量使米粒分布均匀、厚薄一致，以保证干燥均匀。随后将带有网盘的小车送入干燥机中，用高达 100℃左右的热风强力干燥，使米饭粒脱水，糊化淀粉保持原型固定下来。另外，很快固定米饭的 α 状态，使之形成多孔状结构，有利于复水。干燥条件对产品的外观、质量、形状、复苏率都有很大

影响，应注意掌握。干燥方式主要是热风式干燥，常用的热风干燥设备主要有回转式干燥机、带式隧道式干燥机等。

⑦ 冷却、包装　刚出干燥机的米饭温度高达 60～70℃，需要进行冷却，多用自然冷却。若强制冷却因冷却速率过快，会使米粒内外应力不均，易使米粒破碎。一般冷却到 40℃ 以下时才能进行包装。

3.2.4.4　α化米饭加工时的注意事项

① 应选用新鲜、米粒完整的大米，用陈米生产的米饭食味欠佳，最好选用加工精度较高的强化大米。

② 为了改善浸泡效果，可在浸泡时加入某些添加剂，如柠檬酸钠等，可使米饭的硬度降低许多，从而使米饭的风味改善了许多。

③ 米粒经蒸煮后，会产生黏性，这会影响米粒的均匀干燥，导致产品的复水性差，产出率低，因此要采取种种措施使之离散。

④ α化米饭在室温下储藏较长时间时，会产生难闻的哈喇味，不仅影响食味，还会有损健康。之所以会有此情况，关键是包装袋中存有氧气，为确保质量，在包装时应加入脱氧剂。

3.2.5　蒸煮袋米饭

蒸煮袋米饭是将炊煮的米饭或一定量的大米与水或半生半熟的米饭，充填密封在包装袋内，经过高温高压蒸煮杀菌后得到的产品。蒸煮袋米饭又称软罐头米饭，所谓软罐头或蒸煮袋，是一种具有优良耐热性能的塑料薄膜或金属箔片叠层制成的复合包装容器。由于采用了这种耐蒸煮的包装材料制作的容器来包装米饭，故又称蒸煮袋米饭。

3.2.5.1　蒸煮袋米饭的特性

① 花色品种多　食用时可加上各种辅食，就可做成风味不同的米饭，如香菇米饭、酸辣米饭、五香米饭、什锦米饭、肉丝米饭等。

② 食用品质接近于新鲜米饭　蒸煮袋米饭含水量达 65%～

70％，在色、香、味、形等品质方面更接近于新鲜米饭。

③ 保持食品的原有风味 能使食品的组织、色、香、味的变化降到最低限度，在蒸煮杀菌处理以后，可基本保持食品的原有风味。

④ 适合常温流通 有防止氧化和紫外线的性能，便于长期储存（在常温下可保存 2 年），适合于常温下的商业流通。

⑤ 能保持原有的营养 不需要防腐剂、杀菌剂等添加剂，用这种包装材料制成的方便米饭可保持原有的营养成分。

但是，蒸煮袋米饭的工艺过程比较长，对其要求也较高，所用的包装材料的质量也要求较高，因此成本也较高。

3.2.5.2 蒸煮袋米饭的加工工艺流程

原料处理→浸泡→预煮→混合→充填→封口→蒸煮→包装→成品

3.2.5.3 蒸煮袋米饭的加工操作要点

① 原料处理 蒸煮袋米饭所用的原料是优质大米，但为保证质量，也还需要进行除杂。将原料中的杂质进一步除去，接着进行淘洗，将原料表面的浮尘、杂质、碎糠洗去。

② 浸泡 浸泡是使米粒充分吸水湿润。可将大米放入水中浸泡，所用的水应是符合要求的饮用水，浸泡时间为 2h 左右。为使米饭质量提高，在浸泡时应加入适量酶制剂溶液，可使米粒中大分子物质被分解成小分子物质，使得米粒的持水力增强，糊化温度下降，延缓老化过程，也能改善米饭外观质量。

③ 预煮 预煮的要求是将米饭煮成半熟，为后面的工序做准备。预煮后，能克服蒸煮袋内上、下层米水比例差异大的弊病，避免米饭复原后软硬不均、夹生等现象。预煮时间为 20～30min，米粒呈晶莹、松软即可。

④ 混合 蒸煮袋米饭有许多种，如香菇米饭、酸辣米饭、五香米饭、什锦米饭、肉丝米饭等，就要有许多相应的配料，应将这些配料与预煮米饭进行搅拌混合。

⑤ 充填、封口 这是十分关键的一步，它是将预煮好的米饭和配料的混合物充填到包装袋中，每袋充填量为 200～300g，充填

后自动封口。蒸煮袋包装的工艺过程较复杂，因此对包装机的要求也较高。包装时要尽量提高真空度，袋内若有残留空气，易使食物氧化变质，并会影响热传导速率。常用排除空气的方法有抽气管法、真空抽气法、反压排气法、蒸汽喷射法、热装排气法等。

⑥ 蒸煮 密封后蒸煮袋即进行蒸煮，蒸煮应使米饭全部煮熟，完全糊化，同时可以杀菌。采用的设备一般为反压式杀菌锅，其条件如下：温度 105～135℃，时间 30～40min。蒸煮时米饭的含水量应为 60%～65%，这时米粒较完整，不糊烂，不易回生。

⑦ 包装 包装包括脱水和包装。脱水是除去内包装袋表面的水分，有这些水分是不能包装的。包装是把充填有米饭的蒸煮袋再披一件漂亮的外衣。包装材料应耐油、耐热、耐酸、耐腐蚀，有良好的稳定性、热封性和气密性。现多用塑料复合薄膜或镀铝薄膜。

3.2.5.4 蒸煮袋米饭加工时的注意事项

① 米饭以淀粉为主，含水量高，容易变质，必须经高温杀菌。要根据产品不同来调整杀菌条件，以保证杀菌的可靠性，杀菌后立刻反压冷却到 40℃ 以下。

② 对蒸煮封口处必须注意它的清洁性，不得沾染任何脏物和水珠，以免封口不严影响包装质量。

③ 在封口前应尽量减少蒸煮袋内的空气量，一般不能超过 10mL。若残留空气过多，会使米饭容易变质，杀菌时冷却时间延长，且易于破袋。

④ 蒸煮袋表面常沾有少量水分，这常会导致蒸煮袋表面在储藏时发生霉变，影响产品质量，可使用热风机出来的热风将其吹干。

⑤ 杀菌条件与包装材料的热传导性、内容物及米饭的包装厚度有关，充填物要均匀，米饭的厚度不能超过 15mm，否则难以杀菌彻底。

⑥ 固形物和液体混合充填时，如固形物较大，可将其先充填于蒸煮袋内然后充填液汁；如固形物大小在 15mm 以下时，可与液汁同时充填。

⑦ 充填时的米饭温度一般在 40～50℃较好，充填高度应不超过封口线下 3.5mm 处，封口线宽度 8～10mm 为佳。

⑧ 由于蒸煮袋米饭有可能回生，因此蒸煮袋米饭的回生抑制是保证产品质量的重点，它涉及米饭制品在制作与贮存的全过程中。防止米饭回生的措施主要有以下几种：应选择支链淀粉较多的大米品种；控制米饭中的含水量；加调味料和配菜；尽量提高生产时的糊化度；加入添加剂来促进大米淀粉的 α 化；调节储藏温度等。

3.2.6 膨化米饭

膨化米饭，也称多孔米饭，是脱水米饭的一种，属于膨化食品中的一种。国外又称膨化食品为挤压食品、喷爆食品、轻便食品等。膨化米饭是指经过加压、加热处理后使原料本身的体积膨胀，内部的组织结构亦发生变化，经加工、成型后而制成的方便米饭。

3.2.6.1 膨化米饭的特性

① 口感和复水性好 膨化米饭，疏松多孔，质量轻，复水性好，复水后的口感与新鲜米饭相近，口感柔软，食味改善，好吃，因此受到人们欢迎。

② 米饭品质好 膨化技术可以使米淀粉彻底 α 化，α 淀粉经放置后也不能复原成 β 淀粉，于是米饭柔软、风味良好、消化率较高。

③ 食用简便 大米经膨化后，已成为熟食，可以直接用开水冲食，或制成压缩食品，或稍经加工即可制成多种食品。食用简便，节省时间。

④ 营养保存率高 膨化食品的营养成分保存率和消化率都是比较高的，这就说明膨化过程对食品的营养并没有多少影响，其消化率比未膨化的还要高些。

⑤ 适于储存 经膨化，等于进行了一次高温灭菌，膨化后的水分含量都降低到 10%以下，这样低的水分，限制了虫、霉滋生，加强了储存中的稳定性，适于较长期储存。

3.2.6.2　膨化米饭的加工工艺流程

　　膨化米饭分为两种：一种是将大米直接膨化，另一种是将大米糊化后再膨化。一般常采用第二种，其加工工艺流程如下：

　　原料处理→浸泡→预煮→压扁→蒸煮→干燥→膨化→冷却→包装

3.2.6.3　膨化米饭的加工操作要点

　　① 原料处理、浸泡　要选用新鲜的、质量较好的大米，然后将其浸泡。将大米放入水中，冷热水均可，浸泡时间不少于 1h，浸泡后的含水量为 30％～35％。

　　② 蒸煮　膨化米饭的蒸煮工序较复杂，要经过两次蒸煮，即预煮和蒸煮。预煮只需让米粒半熟即可，时间为 30min 左右，这时米粒的含水量为 30％～35％。随后将水控干、冷却，可吹入 20～40℃的风，时间 5～8min，将米温降至室温，使米粒处于松散、分离状态。然后再将其压扁，压扁到 0.5～1.0mm 即可。米粒压扁后，加入原料量 20％～30％的水，缓慢搅拌之，使米粒均匀吸水，应将所加入的水完全吸收，再蒸煮 15～20min，使米粒的含水量达 35％～50％。

　　③ 干燥　干燥是为了除去米粒中含有的大量水分。一般采用热风干燥法，即在热风隧道中使其干燥，干燥温度为 85～100℃。在热风隧道中，米粒中的大部分水分得以除去，最终的含水量为 6％～8％，即可认为达到要求。

　　④ 膨化　干燥后的米粒即可进行膨化，膨化是在高温下进行的，它是利用空气作为热交换介质，将米粒与高温热风接触，使被加热的大米淀粉糊化、蛋白质变性以及水分变成蒸汽，从而使大米熟化并使其体积增大，大米得以膨化。高温热风的温度为180～250℃，膨化时间为 20～40s。

　　⑤ 冷却、包装　膨化后米粒的温度很高，需要将其冷却。可将 30～40℃的冷风通入膨化米粒，使米粒的温度降到常温，随后即可进行定量包装。

3.2.6.4　膨化米饭生产时的注意事项

① 为使米粒完全 α 化，可在蒸煮时加入适量的乳化剂或油脂等添加剂，添加量为原料量的 0.1%～1.0%。

② 常用的乳化剂有甘油酯、蔗糖酯、山梨糖醇酯等，常用的油脂有棉籽油、大豆油等半干性油。

③ 为了增加膨化米饭的口味，在浸泡时可加入许多添加剂，如食盐、糖类、各种氨基酸、磷酸盐、酶制剂、稀酸等。

④ 膨化米饭在干燥后的含水量不到 8%，水分不能太多，如用手握后形成散粒状态，不碎断，不粘手，即为达到要求。

3.2.7　冷冻米饭

冷冻米饭是采用冷冻的方式包装米饭得到的一种方便米饭。

3.2.7.1　冷冻米饭的特性

① 储藏时间长　冷冻米饭储藏温度为 $-18℃$ 左右，可有效地抑制微生物的生长，有利于冷冻米饭的保存。

② 食用品质好　冷冻米饭在制作时是速冻，快速通过淀粉老化最快的温度和冰晶最大形成区，因此米饭的色、香、味均得以很好地保存。

③ 食感最接近新鲜米饭　冷冻米饭可以不使用任何添加剂，不采用高温杀菌，故能保持米饭原有的口味与营养，其风味、食感最接近新鲜米饭。

但是，冷冻米饭由于要有急冷速冻设备，整个投资较大，产品成本较高，因此价格也较贵；另外，冷冻米饭对原料大米要求较高，要根据冷冻米饭的品种来选择大米。

3.2.7.2　冷冻米饭的加工工艺流程

原料处理→浸泡→蒸煮→离散→二次蒸煮→冷却→充填→速冻→储藏

3.2.7.3　冷冻米饭的加工操作要点

① 原料处理、浸泡　原料大米应采用精度较高的大米，将这些大米放入 55～60℃ 的水中浸泡，浸泡液中可加入柠檬酸等有机

酸，调节 pH 为 4.0～5.5。浸泡 2h 后捞出，然后用振动筛或空气吹干，彻底除去米粒的表面水分。

② 蒸煮　将米粒放入压力锅中，把气压升到 $2.05 \times 10^5 Pa$，保持 12～15min；然后将热米放入 95℃ 水中，让米粒吸水膨胀、变软并离散；再按上法蒸煮保持 12～15min，随后用有机酸调制的冷水将热米漂洗两次。

③ 充填　将冷却米饭上的游离水除尽，再将其置于筛网传送带上，边传送边冷却至室温，再将米饭充填至包装袋中，随即封口。

④ 速冻、储藏　速冻是生产速冻米饭的关键工序，米饭冻结速度的快慢将直接影响冻结的质量，速冻能保证冻结米饭的质量。生产中将封口好的包装袋送入 $-40 \sim -35℃$ 速冻机中速冻，时间为 20～30min，使包装袋的中心温度达到 $-18℃$，就可转入冻库中储藏。

3.2.7.4 冷冻米饭加工时的注意事项

① 米饭冻结速度越快，则米饭的品质越好，因此要求尽量采取快速冻结，使米饭在冻结过程中能快速通过淀粉的最大老化温度带。

② 米饭中的可溶性物质若缓慢冷却，便会使内部中心留下高浓度液体。快速冻结会大大改善可溶性物质的浓缩现象，这也是速冻米饭能保证质量的原因。

③ 淀粉快速老化的适宜温度为 0～4℃，如米饭在此温度储藏时淀粉就会很快老化而出现夹生感。当储存温度低于 $-18℃$，就不会出现淀粉老化现象。

④ 大米的品种、浸泡水温、时间是影响米饭产品质量的关键因素。大米的浸泡水温、时间依大米的品种而异，对每批大米都应先做浸渍试验，以确定最佳的浸渍水温和时间。

⑤ 为了提高冷冻米饭的质量，防止淀粉老化，在米饭的烹煮方式上应注意提高糊化度。

⑥ 碎米是导致产品成块的主要原因，在采购大米时，要注意

碎米率不可过高。原料大米中的石子、色米、杂物，在选米时要剔除，以保持成品的色泽。

3.2.8　无菌包装米饭

无菌包装米饭是将加工好的米饭，在无菌的环境中，直接密封入包装容器，并保证容器内没有受到细菌的污染，从而不必再经高温杀菌就可达到长期保存目的的一种方便米饭。

3.2.8.1　无菌包装米饭的特性

① 食用简单　无菌包装米饭食用时很简单，只要用微波炉加热 2～3min，就可以复原至接近于刚蒸煮熟时的状态，且风味基本不变。

② 适应消费者多样化的需求　无菌包装米饭可以适应消费者多样化的需求，并且只通过使用微波炉就可以简便地享用，而其口味毫不逊色于刚出锅的米饭。

③ 对包装材料要求不高　无菌包装米饭对包装容器表面的杀菌比较容易，且与包装物无关，因此对包装材料的耐热性选择没那么严格，其强度也要求不高。

④ 杀菌工艺简单　由于包装容器与内容物是分别进行杀菌，也就可以用最适合方法进行杀菌，无需兼顾包装容器与内容物的杀菌要求，使杀菌工艺简单、可靠。

⑤ 保存期较长　无菌包装米饭的保存期较长，可以在常温条件下保存 6 个月至 1 年，且在食味、色泽、风味等方面都要优于蒸煮袋米饭。

但是，无菌包装米饭需要耐热性、气密性俱佳的包装材料，使得其成本上升；且要有无菌操作系统，使得设备有些复杂。

3.2.8.2　无菌包装米饭的加工工艺流程

原料处理→洗米→浸泡→分装→杀菌→注水→煮饭→充氮→封口→冷却→成品

3.2.8.3　无菌包装米饭的加工操作要点

① 原料处理　无菌包装米饭所用的原料大米系精加工大米等

免淘米，对之仍要进行相应的清理、去杂等，以求干净。

② 洗米、浸泡　洗米的目的是清除大米表面附着的浮尘，并降低大米携带的细菌数，一般要淘洗两次。浸泡的目的是使大米充分吸水，常温下浸泡为 1～2h，要求米粒中心也要浸透，即没白心，这时大米的含水量为 35%～40%。

③ 分装、杀菌　把浸泡好的大米按每盒的定量装填到包装容器中，然后将包装容器移入密封的杀菌罩中进行高温瞬时杀菌，其杀菌条件为温度 135～145℃，时间 5～8s，使包装盒中的大米不再有活性的微生物。

④ 注水、煮饭　将经杀菌后的煮饭水定量注入包装容器中，以满足煮饭时吸水的需要。这种煮饭水为酸性水，pH 控制在 4.0～5.0。随后进行蒸煮，常用蒸汽来蒸煮，必须使米饭充分糊化，蒸煮时间一般为 30～40min。

⑤ 充氮、封口　大米蒸煮熟后，应在无菌室内充氮，即用氮气来排除包装容器内的空气。这样做十分重要，因为空气中的氧气会使米饭加速变质，充氮可防止米饭氧化而产生异味。最后将包装容器密封起来，经冷却后即为成品。

3.2.8.4　无菌包装米饭生产时的注意事项

① 无菌包装米饭对卫生要求十分严格，从煮饭开始以后的一系列工序，都应在高级无尘车间中进行，工作人员也要着严格的防尘服。

② 对于无菌包装米饭来说，其包装材料应是无菌包装材料。无菌包装材料一般有金属、玻璃、塑料、纸板等，塑料和纸板价格较便宜，成本低，是无菌包装最常用的包装材料。

③ 在包装容器中注酸性水的目的是因为酸性环境能对微生物的活性和繁殖起到抑制作用，但也不能过酸，否则会影响米饭的风味。

3.2.9　罐头米饭

罐头米饭，也称米饭罐头、金属罐头米饭，它是将烹煮好的米饭和菜肴混合后装入金属罐中，密封后进行高温杀菌而制成的一种方便米饭。

3.2.9.1 罐头米饭的特性

① 风味多样　罐头米饭可根据不同人群的口味习惯，配制成各种不同的风味，以适应不同人群的需要。人们可根据自己的习惯来选购自己喜爱的罐头米饭。

② 常温保存　罐头米饭可常温保存，在常温状态下保持新鲜，不用放在冰箱里，因此保存十分简单、方便。

③ 携带方便　罐头米饭携带方便，随时随地开罐即食，食用方便，节省时间；罐头米饭的储藏期长，对储藏环境的要求也低。

但是，由于罐头米饭中有些菜肴经高温杀菌后其风味会发生一些变化；且采用金属罐包装，携带较重，开罐也不易；另外，金属罐的制作也较复杂，成本也较高。

3.2.9.2 罐头米饭的加工工艺流程

罐头米饭一般可分为白米饭罐头和菜饭混装米饭罐头。现将常用的菜饭混装米饭罐头的生产工艺流程介绍如下：

原料处理→淘洗→浸泡→沥干→注水蒸饭→混合→装罐→排气→杀菌→冷却→成品

3.2.9.3 罐头米饭的加工操作要点

① 原料处理　罐头米饭对原料没有特殊要求，但要求不含杂质，因此要进行必要的清理，除去杂质和并肩石，多用筛分等操作。

② 淘洗、浸泡　将大米原料入水进行淘洗，洗去米粒表面的浮尘，然后将大米浸泡 1h 左右，要求将大米浸透。

③ 注水蒸饭　经浸泡、沥干后的大米加入热水后进行蒸饭，在高温蒸汽下蒸煮 40～45min。

④ 混合　罐头米饭一般要加入菜肴等辅料，对这些辅料都应进行相应的处理，如肉类应先预煮，以便于拆骨分割；蔬菜类应使用适宜罐藏的品种，成熟度要适宜，然后洗涤、切割、烫漂等。辅

料准备好后，再与各种调料、煮熟的米饭一起搅拌混合。

⑤ 装罐、排气　装罐是在装罐机上完成的，装罐机是一台自动化程度很高的包装机，它能自动完成定量充填、排气、封口、打印等工序。

⑥ 杀菌　杀菌是食品得以长期保存的关键工序，已密封包装并经过严格杀菌的食品微生物很少生长繁殖。对每一个具体的罐头米饭品种，杀菌条件也有所不同。最主要的原则是应使抗热性最强、危害最大的微生物被杀死，同时还要最大限度地保留罐头米饭的色、香、味和营养物质。罐头米饭的加热杀菌可在装罐前或装罐后进行，因此可以分为无菌装罐和罐头杀菌两大类。罐头杀菌是装罐后杀菌，由于它能满足质量要求，且成本较低，故绝大多数企业多采用装罐后杀菌。罐头米饭常用的杀菌设备是立式杀菌锅和卧式杀菌锅。杀菌时，应使罐头中心的温度达到121℃，其时间视内容物不同而有变化。

⑦ 冷却、成品　杀菌后应立即进行反压冷却，使罐头米饭降温到40℃以下，即为成品。

3.2.9.4　罐头米饭加工时的注意事项

① 在浸泡时用 pH 5.0～5.5 的酸性水，能使米粒增白，可用柠檬酸调节酸度。而在浸泡后加入油类或乳化液漂洗，可以减少米粒间的相互粘连。

② 加入的菜肴中，如果有些含水量较大，则需炒制后再加入，以免影响成品风味。

③ 如果出现米饭黏结，这主要是米在同水一起加热成饭时，淀粉溶出造成的，因此应注意选择原料米的品种和质量，应选择支链淀粉较多的大米品种。

④ 蒸饭时先加总水量的70%～80%，剩余部分水在米饭蒸煮熟后混合时加入，待饭菜混合后再装罐。

⑤ 在罐头米饭中应加入某些富含植物杀菌素的调料如葱、姜、蒜等，它们可抑制食品中的微生物生长，从而强化杀菌效果，缩短杀菌时间，同时会增加米饭的风味。

3.2.10 冷冻干燥米饭

冷冻干燥是利用升华的原理进行干燥的一种技术。它不同于传统干燥方法，传统的干燥方法是通过加热使水变成水蒸气挥发而干燥，而冷冻干燥是在低温下进行。产品的干燥基本上在 0℃ 以下的温度进行，即在产品冻结的状态下进行，直到后期，才让产品升到 0℃ 以上的温度。在制作冷冻干燥米饭时，将大米炊煮成米饭后，再将其在低温下快速冻结，使米饭中的水分变成固态冰，然后在较高真空度下将冰直接升华为蒸汽而将水分除去，即制成冷冻干燥米饭。

3.2.10.1 冷冻干燥米饭的特性

① 能较好保留营养成分 冷冻干燥米饭能保留完好的营养成分，如蛋白质、维生素、微量元素等。它含水量很少，质量轻，便于储藏、携带和运输，且运费较低。

② 在常温下能长久储存 冷冻干燥米饭的水分含量仅 2%～5%，在这么低的含水量下，一切微生物都难以活动，所以常温下能长久储存，而且不需添加任何防腐剂。常温下可储存 3 年。

③ 用冷水都能复原冷冻干燥米饭 复水快，甚至加冷水都能复原，它比加开水的效果还好些，因为注入开水后米粒表面的淀粉便糊化，形成薄膜，阻碍水分的渗入，因此米粒中心仍有白心。

④ 易于快速水化 冷冻干燥米饭在显微镜下会呈现出蜂窝状外表。细胞在释放水分后，保留下了纤维组织和固状物，这样使整个构造得到了完好的保存，也使植物易于再次快速水化。

⑤ 米饭体积不变 由于在冻结的状态下进行干燥，因此体积几乎不变，保持了原来的结构，不会发生浓缩现象。

但是，由于冷冻干燥米饭的操作是在高真空和低温下进行，需要比较昂贵的专用设备，干燥过程中的耗能较大，干燥时间长，投资和操作费用大，成本也较高，且不能连续生产，因此，目前冷冻干燥米饭尚未普及。

3.2.10.2　冷冻干燥米饭的加工工艺流程

原料处理→淘洗→浸泡→蒸煮→冷却→预冻→干燥→包装

3.2.10.3　冷冻干燥米饭的加工操作要点

① 原料处理　应选用新鲜、米粒完整的大米，为了保证米饭风味，宜选用加工精度高的大米，但由于高精度大米的营养素损失较多，因此最好适当强化某些营养素。

② 淘洗、浸泡　淘洗是将原料表面的浮尘、杂质、碎糠洗去。接着进行浸泡，浸泡是使米粒充分吸水湿润。可将大米放入水中浸泡，所用的水应是符合要求的饮用水，浸泡时间为 2h 左右。

③ 蒸煮、冷却　米粒的熟化是通过蒸煮完成的，通过蒸煮，米粒中的淀粉产生糊化，可溶性营养成分向内部转移。当糊化度大于 85% 时，米饭即煮熟。蒸煮时间一般控制在 30min 内。随后将其离散、冷却。

④ 预冻　产品在进行冷冻干燥时，需要先进行预先冻结，才能进行升华干燥。预冻过程不仅是为了保护制品的主要性能不变，而且要使冻结后产品有合理的结构，以利于水分的升华。预冻时，一般采用常规冻结方法。产品速冻时，速冻的成品粒子细腻，外观均匀，比表面积大，多孔结构好；而且，由于快速冻干的生产成本仅为常规冻干成本的 20%~50%，所以一般多采用速冻。

产品的冷冻干燥需要在一定装置中进行，这个装置称作真空冷冻干燥机，简称冻干机。冻干机按系统分，由制冷系统、真空系统、加热系统和控制系统四个主要部分组成。冻干箱是其主要工作部分，它是一个能够制冷到 −40℃ 左右，加热到 50℃ 左右的高低温箱，也是一个能抽成真空的密闭容器。需要冻干的产品放在箱内分层的金属板层上进行冷冻，并在真空下加温，使产品内的水分升华而干燥。

⑤ 干燥　产品的冷冻干燥不仅是在冻结状态下进行，而且必须在真空状况下进行。冷冻干燥时冻干箱内的压强要控制在一定的范围之内。压强太低对传热不利；当压强太高时，产品内冰的升华速率减慢，产品吸收热量将减少。冻干箱的合适压强一般认为是

10～50Pa。在产品真正全部冻结之后，就要迅速建立必要的真空度。干燥可分为两个阶段，在米饭内的冻结冰消失之前称第一阶段干燥，也称作升华干燥阶段；米饭内的冻结冰消失之后称第二阶段干燥，也称作解吸干燥阶段。在升华干燥阶段，制品温度相对恒定。随着制品自上而下层层干燥，冰层升华的阻力逐渐增大，制品温度相应也会小幅上升，直至用肉眼已看不到冰晶的存在，此时90％以上的水分被除去。水分大量升华的过程至此已基本结束，制品进入了升华干燥的第二阶段。

此时米饭中尚剩余百分之几的水分，称为残余水分，它与自由状态的水在物理、化学性质上有所不同。残余水分包括了化学结合水与物理结合水，由于残余水分受到种种引力的束缚，其饱和蒸汽压则会不同程度地降低，因而干燥速度明显下降。虽然提高制品温度可促进残余水分的气化，但若超过某极限温度，生物活性也可能急剧下降。

通常我们在第二阶段将温度定在30℃左右，并保持恒定。在这一阶段初期，由于温度升高，残余水分少又不易汽化，因此制品温度上升较快。随着制品温度与板温逐渐靠拢，热传导变得更为缓慢，需要等待相当长的一段时间，实践表明，残余水分排出的时间与大量升华的时间几乎相等，有时甚至还会超过。实际上，一般的冷冻干燥有80％的时间是被用来除去植物内部最后20％的水分。冷冻干燥总的时间一般要花16～20h。

⑥ 包装　由于冷冻干燥米饭具有多孔性而极易吸湿，如真空受到破坏，接触一般空气，就会极易吸湿而降低其储藏稳定性，为此要有控制地消除真空。可及时地充入惰性气体，如氮气，并要尽快进行包装。包装材料应用气密性好的材料，包装后即为成品。

3.2.10.4　冷冻干燥米饭加工时的注意事项

① 在预冻阶段，要严格控制预冻温度（通常比米饭的共熔点低几度）。如果预冻温度不够低，则米饭可能没有完全冻结，在抽真空升华时会膨胀起泡；若预冻温度太低，就会增加不必要的能量消耗。

② 在升华干燥时，应小心地升高温度，如温度升得太多、太快，就会有过量的水蒸气蒸发到冷冻干燥室中，如果冷冻系统不能及时凝结水蒸气，过剩的水蒸气就会提升室内的气压，降低真空度。

③ 为了冷冻干燥出良好的产品，需要保持系统内良好而稳定的真空度，需要冷凝器始终保持−40℃以下的低温。

④ 冻干产品在升华开始时必须要冷到共熔点以下的温度，使冻干产品真正全部冻结。

⑤ 提高冻干箱内产品的温度，能增加冻干箱的水蒸气压力，加速水蒸气流向冷凝器，加快质的传递，增加干燥速率，但不能使产品温度超过共熔点的温度。

⑥ 降低冷凝的温度，也就降低了冷凝器内水蒸气的压力，加速水蒸气从冻干箱流向冷凝器，同样能加快质的传递，提高干燥速率。

⑦ 产品的干燥基本上在0℃以下的温度进行，即在产品冻结的状态下进行，直到后期，为了进一步降低产品的残余水分含量，才将产品升至0℃以上的温度，但一般不超过40℃。

3.3 糙米食品

稻谷脱壳即为糙米，由皮层（米糠层）、胚和胚乳等组成。人们在长期的饮食实践中发现，糙米不但能够充饥果腹，而且对人体有极大的营养价值。唐代著名中药学家孟诜在《食疗本草》中说，糙米有"止痢、补中益气、坚筋骨、和血脉"之功。明代药物学家李时珍在《本草纲目》中称糙米具有"和五脏、好颜色"的妙用，意思是说常食糙米，不仅可以安和五脏，去病延年，而且还能润泽容颜，使青春常驻。

糙米的最大特色是含有胚芽。它由于没有经过碾白处理，表皮中含有大量的食物纤维和矿物质，米胚也含有大量的营养物质，因此其营养成分比精米丰富。

3.3.1 发芽糙米

发芽糙米是指糙米经过发芽至适当芽长的芽体,主要由幼芽和带皮层的胚乳所组成。

3.3.1.1 发芽糙米的特性

① 食品品质好 在糙米发芽的过程中,其所含有的大量酶从结合态转化为游离态,正是由于这一生理活化过程,糙米的粗纤维皮层被酶解软化,外皮变得柔软,部分蛋白质分解为氨基酸,淀粉转变为糖类,使食物的感官性能和风味得以很大改善,使得发芽糙米的食品品质不亚于精白米。

② 保持营养平衡 与糙米相比,发芽糙米中含有丰富的微量元素,而且已经与植酸离解,成为游离态,更容易为人体所吸收,有利于保持营养平衡。

③ 有良好的保健作用 糙米在发芽过程中,会发生一系列复杂的生物化学变化,正是这种变化,使发芽糙米获得了比糙米更多的营养成分,也使发芽糙米有更好的医疗保健作用。

3.3.1.2 发芽糙米的加工工艺流程

原料选择→分级→优质糙米→精选→清洗→浸泡→发芽→清洗→检验→热处理→(包装)→湿制品→干燥→检验→包装→制品

3.3.1.3 发芽糙米的加工操作要点

① 原料选择 选择原料糙米应选用当年收获的,并自然干燥至标准水分的新鲜稻谷加工的糙米,要求稻谷籽粒饱满、粒度整齐、裂纹粒少、发芽率高、发芽势强、无虫害、无霉变、无病害。再将其进行分级,将不同粒度的米粒分开,即得到优质糙米。

② 精选 精选是为了将糙米进一步净化。精选分两类:干式和湿式。先通过干式精选,将糙米中混有的杂质排除。然后进行湿式精选,湿式精选是将糙米入洗米机,通过水洗的方法,主要是除去米粒外面的粉尘。

③ 浸泡 浸泡是为了使糙米充分吸水,为发芽作好准备。可把精选后的糙米浸泡于水中,浸泡水温控制在30℃左右,室温小

于 15℃时浸泡 7～8h；室温为 16～25℃时浸泡 6～7h；室温大于 25℃时浸泡 5～6h。浸泡时要严格控制浸泡用水的温度。

④ 发芽　浸泡结束后即可将糙米发芽，先将糙米用清水轻轻冲洗，然后将沥干水的糙米移入发芽器中发芽。发芽器要有自动控温、自动喷雾加湿、通风换气的功能。通常的发芽条件为温度25～30℃，每 8～10h 漂洗一次，每 2h 换气一次，以使发芽器内有供发芽用的充足氧气。糙米在合适的环境下，会很快发芽，当幼芽长到一定长度时便可终止发芽，一般来说，发芽糙米芽长为 0.5～1.0mm 时便可终止发芽。然后用清水将发芽糙米漂洗干净，再用离心机将水分离出来。

⑤ 热处理、包装　如想得到湿制品，可控制发芽糙米的含水量。当检测出芽体含水量为（35±0.5）%时，即是停止离心分离的终点，随即进行热处理，将芽体灭活，随即进行包装，即为湿制品成品。

⑥ 干燥、包装　如想要得到干制品，就得将其干燥。可将脱水的发芽糙米移入干燥装置中，干燥的方式很多，多采用低温真空干燥，温度为 50～60℃。当检测出芽体含水量为（15±0.5）%时，即是干燥的终点。随后将其冷却，再计量包装，即为成品。

3.3.1.4　发芽糙米加工时的注意事项

① 糙米必须保持新鲜，自己加工发芽糙米的企业，当天加工的糙米，当天最好投入发芽操作。若是外购的糙米，储藏时间不应超过一周，以确保糙米的发芽率。

② 生产糙米的稻谷，不应采用新收获的、未经后熟的稻谷，因后熟作用未完成的稻谷胚芽处于休眠状态，不能发芽或发芽率很低。

③ 所选用的原料糙米，应是收获后用自然干燥至标准水分的稻谷加工的糙米，不要使用机械烘干的稻谷加工的糙米。

④ 在浸泡用水中也可加入某些添加剂，可进一步提高糙米的生理活性成分，提高必需成分的活性和含量。在夏天浸泡时可以中间换水一次。

⑤ 作为主食食用的发芽糙米，应控制其不能长根，食味才好，但这个控制有一定难度，应注意随时观察出芽情况。

⑥ 无论是干制品还是湿制品，在包装前都应检验水分、脂肪酸或酸度、过氧化值、微生物指标、发芽率等指标，被判定合格后才能包装。

3.3.2 发芽糙米片

3.3.2.1 发芽糙米片的特性

① 食用品质大大提高 发芽糙米虽营养丰富，但不可否认，发芽糙米的食味、口感、蒸煮品质、食用品质与大米相比，仍显不足。而发芽糙米片的食用品质就有很大的提高，但还是不如精白米。

② 营养十分丰富 糙米在发芽过程中，大量酶被激活、释放，并从结合态转化为游离态，激活了糙米中固有的生物活性成分，还产生新的活性物质，这些营养成分都保留在发芽糙米片中，因此，发芽糙米片的营养十分丰富。

③ 保存期长 发芽糙米片的含水量只有15%左右，其质量轻，便于运输，加之经严密的包装，可以长久保存。

④ 食用方法多 发芽糙米片可混配在大米中煮饭（或粥），混配比例消费者自定，最低混配量应不低于30%；也可与荞麦仁、燕麦片、大麦片、玉米等杂粮（或及果肉、果仁、杂豆等）一起煮饭或煮粥，食疗效果更好。

3.3.2.2 发芽糙米片的加工工艺流程

原料选择→洗米→浸泡→发芽→干燥→冷却→切片→压片→二次干燥→二次冷却→包装→成品

3.3.2.3 发芽糙米片的加工操作要点

① 原料选择 原料的选择十分重要，糙米要新鲜，应为当年产稻谷，发芽率≥90%，脱壳后10天内即应投料。糙碎米≤0.5%，留胚率≥95%。最好选择符合国家粮食卫生标准和"食用糙米"品质要求的糯型糙米。

② 洗米、浸泡　洗米的目的是除去糙米表面的泥土、轻杂等。洗米时间视水中的清澈程度而定，一般为 10～20min，糙米水洗后浸泡。浸泡的目的是使水分继续向中心渗透，使米粒结构疏松，里外水分均匀。浸泡水温（30±2）℃，浸泡 5～8h（视气温而定），中间换水 1 次。

③ 发芽　浸泡后，将膨润的糙米用水轻轻冲洗，沥干水后，置于发芽器催芽。发芽器可自动控温、自动喷雾加湿、通风换气。控温（28±2）℃，每 2h 换气 1 次，每 6～8h 漂洗 1 次。当糙米芽发至约 0.5mm 长时，终止发芽。用清水将芽体漂洗干净，离心脱去黏附在籽粒表层的水分，脱水后为湿发芽糙米。

④ 干燥、冷却　湿发芽糙米进行低温干燥。控温（55±5）℃，选用真空干燥箱、热风垂直振动干燥机、沸腾干燥器等干燥设备。当芽体水分下降到 18.0%～20.0% 时终止干燥（以冷却后芽体的水分为准）。干燥后选用振动层冷却器或流化床冷却器风凉至室温，为半干发芽糙米。

⑤ 切片、压片　用切断器将发芽糙米切成 3～4 片/粒的片体，随后将片体送进辊压机轧片。轧距 0.8～1.0mm，沿单位压辊长度方向的轧距一致，使发芽薄片体厚度为 0.8～1.0mm。

⑥ 二次干燥、二次冷却　将发芽薄片送入烘箱，用（55±5）℃的温度干燥至水分（15±0.5）% 后，再进冷却器冷却，使其温度降至室温。

⑦ 包装　用气调包装（充 N_2 或 CO_2）或真空包装，每小包 100g 或 500g，每 5 包为一个集合包装，即为成品。

3.3.2.4　发芽糙米片加工时的注意事项

① 为了保证产品质量，清洗、浸泡及其发芽用水均应符合国家饮用水卫生标准。

② 糙米发芽后用清水将芽体漂洗干净，离心脱去黏附在籽粒表层的水分，脱水后为湿发芽糙米，这种糙米经真空包装后即可进入流通领域。

③ 用糯型糙米加工的发芽糙米片，因其支链淀粉含量高，较

粳型、籼型的发芽糙米的黏稠、食味更柔。切片、压片后，在蒸煮过程中，片体易溶胀、熟化，从而提高米饭（粥）的食用品质和消化吸收性。

④ 在湿发芽糙米进行低温干燥后，将芽体水分干燥终点控制在15.0%～15.5%，冷却后，用气调包装后即为干发芽糙米，即可进入流通领域。

3.3.3 速食糙米粉

速食糙米粉是一种以糙米为主要原料制作的、颇受消费者青睐的糙米食品，也称速食糙米糊。

3.3.3.1 速食糙米粉的特性

① 便于消化 速食糙米粉中添加了许多相关营养成分，使其营养更加全面，口感更好，且具有良好的消化吸收性。

② 食用快捷 方便速食糙米粉加水后即能变成胶糊状、半流质状或浆汁状，食用快捷方便，安全卫生，且储存期长。

③ 适应面广 速食糙米粉可按配方不同配制出适应不同人群的产品，适应面广，且配方易于调整。

④ 成本较低 速食糙米粉的生产工艺比较简单，操作也比较容易，因此成本也较低。

3.3.3.2 速食糙米粉的加工工艺流程

加工速食糙米粉的工艺方法，主要有湿法和干法两种。湿法也称生化法，它是将糙米粉调成浆后，使其酶解，再用滚筒干燥机制成具有疏松结构的脆质薄片体，随之进行粉碎而成糙米粉；干法也称物理法，即将糙米（或糙米芽）膨化后粉碎，并按其需要加以附聚团粒化，加工成多孔状的低密度的粉体。前者的制品冲调性优，对温水或冷开水具有良好的润湿性和分散性，且干燥后可直接进行无菌化包装。不过，酶及干燥所需的工艺装备（包括供热系统）投资大，生产操作技术含量较高。后者，其制品的冲调性虽略逊，但其生产工艺和操作较为简单。这里主要介绍后者，其生产工艺流程如下：

原料处理→精选→干燥→破碎→膨化→粉碎→配料→混合→团粒化→二次干燥→杀菌→冷却→包装→成品

3.3.3.3 速食糙米粉的加工操作要点

① 原料处理 所用的糙米应选用当年生产的、无虫害、无霉变和无污染的糙米，粳糙米、籼糙米、糯糙米均可。若有资源，可选用色米。色米系指皮层呈乌黑、红黑、紫色或红色等的糙米。用料时，可根据配方选择。

② 精选 精选的目的是提高糙米的纯净度，以保证制品的卫生要求。精选时可分两步走，即干法分选与湿法精选相结合。

干法分选：以除去谷粒、稗子、未熟粒、轻型杂质、小型杂质、泥（石）、铁金属等。

湿法精选：即用水流冲洗或漂洗，以除去黏附在糙米粒表面的粉尘和泥沙，并利用杂质的密度不同，除去谷壳、稗子等杂质。

③ 干燥 水选后由于含水量较大，可用离心机脱水，然后将糙米干燥。可采用垂直振动干燥，这种干燥方法的优点是干燥均匀；有条件也可采用微波干燥，微波干燥可在干燥的同时，使糙米产生膨化爆裂。

④ 破碎 采用粉碎机将糙米粗粉碎至粒度为160目，这种粗细度的粉粒在挤压膨化后能获得最优的膨化效果。

⑤ 膨化 将破碎料入膨化机膨化。在膨化机中，糙米粉会连续增压挤出，而在出口处的骤然降压会使其体积膨大几倍到几十倍而成为糙米果。常用的膨化机为单螺杆挤压膨化机。膨化的工艺参数一般为温度150～180℃，压力0.98MPa，主轴转速（290±10）r/min。近年，食品机械行业已推出主轴转速为400～600r/min的高速膨化机，其膨化温度和膨化压力更高，分别为200～300℃和1.5MPa，因而膨化率更高，更适用于膨化糙米。

⑥ 粉碎 将膨化后的糙米果，用粉碎机粉碎至粒度为240目，使之成为膨化糙米粉。

⑦ 配料、混合 速食糙米粉按配方组成可分为三大类。

普通型：在糙米粉中加入15%的糖粉（以膨化糙米粉计）。若加工低糖型制品，则可选用甜味剂代替 10％的糖粉。甜味剂的用量按其与蔗糖的倍数计算。在工艺上，应先将甜味剂与糖粉进行预混合。

营养强化型：在普通型的基础上，按需要添加蛋黄粉、生物钙、谷胚、食用干酵母、牛磺酸、维生素 C、磷酸酯镁、食用明胶、海带粉等营养强化剂。

营养复合型：以糙米粉为主要原料，加入 20％～30％的全脂乳粉或脱脂乳粉、各种速溶植物蛋白粉或果（仁）蔬粉、食用菌粉等辅料，其甜味剂用量与普通型的甜味剂用量相同。

按配方将膨化糙米粉、辅料分别计量后入混合机内，开动混合机充分混合均匀。

⑧团粒化　干燥混合后，将粉料置于沸腾床造粒干燥机内进行喷雾；把乳粉溶解成浓液，对粉料进行喷雾，其液滴直径在 100μm 左右，使粉体与液滴附聚在一起而团粒化。或喷涂卵磷脂（以无水乳脂肪为溶剂），使其附聚团粒化。沸腾干燥至粉体含水量为 50％左右，在干燥的同时进行杀菌。

⑨冷却、包装　干燥终止后，将团粒化的粉体进行冷却、计量、包装，即为成品。每小包 50～75g，每 10 小袋为一个包装单位。有条件的也可采用真空包装或充氮包装。

3.3.3.4　速食糙米粉加工时的注意事项

①可在配方中选用色米，色米营养价值比普通糙米高。选用色米加工成的糙米粉，除了具有普通糙米加工制品的特性外，其色、香、味、形、营养齐全，并集食用、滋补于一体，是一种难得的天然营养方便食品。

②在水洗后进行干燥时，要求将糙米中的含水量控制在 10％～15％，这是挤压膨化的最佳水分值，以利后续的糙米膨化。

③在配方如果有微量营养强化剂，由于其添加量甚微，可将其加入某种辅料中进行预混合，然后再加入混合机中混合。

3.3.4　糙米饮料

糙米的营养价值远远超过大米，以糙米为主要原料制作的饮料可以作为一种营养丰富、生理功能突出的保健饮料而进入市场，也是糙米综合利用的一条好途径。

3.3.4.1　糙米饮料的特性

① 口感好　糙米虽营养丰富，但食味较差，难以被人们所喜爱。若将糙米制作成饮料，其风味大为改变，口感甘甜爽口，受到人们青睐。

② 经济效益好　糙米价格便宜，来源广泛，以糙米为主要原料制作的饮料可以使稻谷大大增值，从而提高了粮食生产的经济效益，并使之走上可持续发展的良性循环轨道。

③ 食用品质好　色泽淡黄，外观均匀一致，无沉淀，具有谷物焙炒的特有清香。

④ 市场前景广阔　糙米饮料制作较为简单，原料成本低，且营养丰富，因此，市场前景十分广阔。

3.3.4.2　糙米饮料加工工艺流程

原料处理→焦糖化→粉碎→糊化→液化→灭酶→分离→调配→均质→杀菌→灌装→冷却→成品

3.3.4.3　糙米饮料的加工操作要点

① 原料处理　生产糙米饮料的主要原料是糙米和大米，应选用无霉变、无虫蛀、无杂质的优质米，最好选用当年产的新鲜米。

② 焦糖化　焦糖化是焦糖化作用或焦糖化反应的简称。糖类在没有氨基化合物存在的情况下，当加热到达一定温度时，即发生脱水或降解，然后进一步缩合生成黏稠状的黑褐色产物，这类反应称为焦糖化反应。焦糖化会给食品带来悦人的色泽和风味。在这里将主要原料糙米和大米分别加热到 120℃ 左右，炒制 30min，这时，糙米和大米的颜色发生褐变，并发出香味。

③ 粉碎　将焦糖化的糙米和大米用粉碎机粉碎，使之过 40 目筛。

④ 糊化　将粉碎后的糙米粉和大米粉按配方比例混合，加入糊化罐中，加水 4～5 倍调匀，加热至 90℃ 左右，并在此温度下保温 20～30min，使料液充分糊化。

⑤ 液化、灭酶　在料液中加入耐高温的 α-淀粉酶，按原料量的 1% 加入，让其在 95℃ 温度下液化 30min，随后进行灭酶。

⑥ 分离　液化后的汁液中存有不溶于水的固体粒子，可用离心分离机将其分离。

⑦ 调配　调配是为了使饮料的口感、风味更好，就是按配方设计将原料加入米汁中。为使饮料保持原汁原味，加入的添加剂尽可能少，可主要加入增加饮料稳定性的乳化稳定剂和改善口感的甜味剂。

⑧ 均质　均质可使饮料组织均匀、口感细腻柔和、稳定性提高。均质采用高压均质机，均质温度为 60～65℃，均质压力为 30～32MPa，一般采用两次均质。

⑨ 杀菌、灌装　将糙米汁液泵入板式杀菌器，杀菌条件为110～115℃，保温 15～20s，随后冷却至 80℃ 左右，趁热灌装入瓶，随即立刻封口。

⑩ 冷却、成品　将入瓶饮料分段冷却至室温，即为成品。

3.3.4.4　糙米饮料加工时的注意事项

① 在焦糖化操作时要特别注意温度和时间的控制，才能得到好的效果。

② 在糊化时不要停止搅拌，否则米粉容易结成团，影响糊化和液化效率。再者，如温度过高，搅拌又不及时，则底部容易变焦，会大大影响饮料的品质和口感。

③ 在料液液化时尽量采用耐高温的 α-淀粉酶，因为这种淀粉酶的热稳定性好，水解时间较短，而且又不依赖钙离子，作用 pH 的范围较广等。

3.3.5　发芽糙米饮料

近年来，随着生活水平的提高，人们的饮食结构发生了根本性的转变,对饮料的需求从过去单纯追求美味解渴型向天然、营养、保健型发展。因此,利用各种天然植物为原料,研制开发天然绿色饮料品种已经成为国内外饮料工业新的发展趋势。发芽糙米饮料就是一种天然绿色饮料,它是以发芽糙米为主要原料,采用现代高科技手段将其中的营养成分浸提、加工而成的一种新型饮料,它为糙米的开发和利用开辟了新的途径。

3.3.5.1 发芽糙米饮料的特性

① 饮料口感好 糙米发芽处理后,组织软化,糙米中蛋白质和淀粉被降解,香甜味增加,另外还加入了一些添加剂,使其口感更好。

② 营养丰富 带有胚芽的糙米本来就营养丰富,而糙米发芽后其内部发生了一系列生理生化变化,使其营养更加丰富,为人体提供了丰富的营养。

③ 良好的保健作用 糙米中有许多促进人体健康和防治疾病作用的成分,而经发芽后,又产生多种具有保健作用的营养成分,因此对人体的保健作用更加突出。

3.3.5.2 发芽糙米饮料的加工工艺流程

原料处理→冲洗→浸泡→发芽→打浆→酶处理→灭酶→过滤→调配→过滤→均质→装瓶→杀菌→冷却→成品

3.3.5.3 发芽糙米饮料的加工操作要点

① 原料处理 应选用籽粒饱满、粒度整齐、裂纹粒少的糙米,置于筛子中筛选,去除稻壳、石子等杂质与瘪粒。

② 冲洗、浸泡 将精选后的糙米置于清水中冲洗三遍,洗去表面糠粉和灰尘,沥干。随后进行浸泡,浸泡温度为 $20\sim22℃$,浸泡时间 $20\sim24h$。每 4h 换一次水,浸泡后沥干。

③ 发芽 将浸泡后的糙米均匀摊开,盖上纱布(沸水消毒)培养。培养温度为 25℃,培养时间 24h。每 4h 取出一次,将纱布重新消毒,防止微生物污染。培养结束,待芽长到 1.5mm 左右取出备用。

④ 打浆 打浆常用胶体磨,打浆用水为调配时用水量的 75%

左右。磨浆时采用二次磨浆，粗磨后汁液过 80 目筛，细磨后汁液过 120 目筛。

⑤ 酶处理、灭酶　将淀粉酶按比例（α-淀粉酶添加量为 0.6%）加入汁液中并加热到 85℃，保持 1.5h，以碘试料液呈浅红色或棕色即为糖化终点。将液化后的料液升温至 95℃，加热 30min，使酶钝化，然后用 120 目的滤布过滤。

⑥ 调配　将羧甲基纤维素钠、海藻酸钠及甜蜜素等配料分别用水溶解后，按配方的比例添加到过滤液中，然后均匀搅拌至完全混合。

⑦ 过滤、均质　将混合液送入硅藻土过滤机过滤，其滤液进入板式换热器加热至 60～65℃，再把滤液入高压均质机均质，均质压力为 20～24MPa，可连续对料液进行两次均质。

⑧ 装瓶、杀菌、冷却　将均质后的饮料灌入蒸汽杀菌后的玻璃瓶，加热排气 10min 之后（这时瓶内中心温度达到 80℃ 左右）就可密封。密封时要将旋盖拧紧，以防漏气。密封后再利用沸水常温常压杀菌，杀菌时间为 30min。将杀菌后的饮料在 80℃、60℃、40℃ 的水中各维持 10min 后，冷却至室温。

3.3.5.4　发芽糙米饮料加工时的注意事项

① 由于发芽糙米中含有较多的淀粉，不仅不易于人体吸收，而且对饮料的口感及稳定性有很大影响，因此，在调配前需要进行淀粉的水解。水解后，淀粉分子长链被切断成低聚糖或糊精，更易被人体吸收利用。

② 糙米的浸泡好坏对饮料的品质影响很大，浸泡时最关键的参数是浸泡的温度和时间，要严格控制浸泡用水的温度和时间。

③ 产品品质的好坏与配方关系很大，用发芽糙米汁可以调配出很多不同风味的饮料，因此，可用发芽糙米汁来设计许多不同风味的发芽糙米饮料。

④ 增加 α-淀粉酶的加入量会缩短糖化时间，但会给饮料带来异味。在糖化效果允许的情况下，选择工艺参数如下：α-淀粉酶的添加量为原料的 0.6%，糖化时间为 1.5h。

4

稻米生化产品加工

4.1 米淀粉

4.1.1 概述

淀粉和蛋白质是大米的主要成分，其中淀粉含量达 80% 左右。尽管淀粉工业的三大原料是玉米、小麦和马铃薯，米淀粉只占 13%，不到玉米的一半，列第 4 位。但米淀粉却因其独特的性能和用途，具有很好的市场前景，目前国际市场上对高纯度米淀粉（蛋白质含量低于 0.5%）的需求较大，将糙米、碎米、霉米等不宜于人类直接食用的米制备成大米淀粉可大大提高其附加值。而且，颗粒表面蛋白质-类脂物残留低的高纯度米淀粉在存储期间不易发生酸败，可长期储存，从而解决库存谷物严重浪费的问题。

4.1.2 米淀粉的碱法生产工艺

大米的蛋白质分布在糊粉层、蛋白体、细胞壁和淀粉颗粒外层。大米淀粉是以复粒形式紧紧包含在蛋白质网络中，两者之间结合力非常紧密，水或亚硫酸液无法破坏这种结合力。因大米中蛋白质至少 80% 是碱溶性蛋白，用碱液浸提米蛋白，可制得高纯度大米淀粉。

4.1.2.1 生产流程

米淀粉、米蛋白生产工艺流程如图 4-1 所示。

```
                 NaOH        粗粒糟→中和→脱水→干燥→淀粉糟
                   ↓            ↑
粳米碎米→预处理→碱浸→粉碎→筛分→沉淀→水洗→脱水→干燥→粉碎→米淀粉

        酸处理→离子交换→离心分离→高蛋白糟→饲料

米蛋白←离心分离←离子交换←酸处理←碱溶
```

图 4-1 米淀粉、米蛋白生产工艺流程

4.1.2.2 操作要点

① 预处理 粳米、粳碎米中矿物质、整谷粒含量高于标一米时，需进行精选，如加工精度低于标一米时需回机碾白。

② 碱浸 把特二米或碎米浸泡在 0.2%～0.5%NaOH 溶液中，料液比为 1∶2。浸泡过程中每隔 6h 搅拌一次（采用空气搅拌为好），浸泡 24h 后，沥去碱液，并重新用新的碱液浸泡。与第一次一样，每隔 6h 搅拌一次，浸泡 24h。碱浸共需 2～3 天。处理后，米粒中蛋白质可溶出除去约 50%，且米粒软化，用手指也可将米粒捏碎。

③ 米淀粉制取 浸泡后，边加碱液边磨碎，浆液用 300 目筛网分离出粗粒糟（筛上物），筛下物为淀粉浆液（浓度为 2～5°Bé），用沉淀槽沉淀分离出粗粒料。其方法是将沉淀槽内上部三分之二浆液取出进行水洗，残留粗粒料用碱液稀释后，再次静置，再取上层浆液进行水洗以分离出淀粉。这种操作有时也可以与喷射型离心机联合进行。分级后细淀粉浆液用水流型喷射离心机水洗 4～5 次，以除去蛋白质和碱。在最后水洗之前，有时也用盐酸将浆液 pH 调到 6.5～7.0 再进行水洗。经水洗后淀粉浆液，用离心机或压滤机脱水，滤渣干燥后制得水淀粉。

④ 米蛋白制取 废碱液（含第一次水洗液）用 2%～3%盐酸调整 pH 到 3～4 后，经离子交换，离心分离高米蛋白糟。再用 0.5%氢氧化钠溶解，盐酸调 pH，离子交换，离心分离得湿米蛋

白，干燥后为米蛋白精品。

⑤ 淀粉糟处理　筛分的筛上物用盐酸中和、脱水、干燥得淀粉糟。高蛋白糟干燥后与淀粉糟混配后可加工成饲料。

4.1.3　米淀粉的酶法生产工艺

碱溶液提取法是去除大米中蛋白质最有效的方法，也是目前应用最广泛和成熟的方法，但此种方法存在消耗大量能源，产生大量碱废液等环境污染的问题。同时碱法提取还会引入钠盐等杂质，不利于大米淀粉品质的提高。酶法分离大米淀粉是利用蛋白酶对大米蛋白的降解和修饰作用使其变成可溶的肽而被抽提出来，从而得到高纯度的大米淀粉。常用的蛋白酶有碱性蛋白酶和中性蛋白酶。

2000 年，Lumdubwong N. 等人利用碱性蛋白酶提取大米淀粉，取湿磨大米粉配成约 35% 米粉乳液，于 55℃、pH 10 条件下加入 0.5% 的蛋白酶，温和搅拌 18h，反应过程中要补充 NaOH 以维持 pH 值恒定。反应后的乳液经 200 目筛过滤，离心（3000g/20min），去掉上层黑黄色上清液，沉淀层用 50mL 的水清洗两遍，再离心（3000g/15min），去除上清液，重复此清洗过程，后将沉淀物分散于 50mL 水中，调节 pH 值到 7，再离心（1000g/20min），刮掉暗色上层，用水将下层沉淀物清洗 3 遍，干燥即得成品。此法制备大米淀粉的成本约为碱法的两倍，这主要是由于蛋白酶的成本较高。2006 年，倪凌燕等人利用碱性蛋白酶提取大米淀粉，得到最合理的工艺条件：提取温度为 60℃，酶添加量为 0.4%，pH 5.5，料液比 1:6，提取时间为 2h，在此条件下，得到大米淀粉中蛋白质残留率为 1.03%。2007 年，李翠莲等人以大米为原料，采用碱性蛋白酶法提取大米淀粉，得到最优工艺条件为提取温度 50℃，酶添加量 0.2%，料液比 1:4，提取时间 5h，在此条件下得到的大米淀粉中蛋白质残留率为 0.39%。

4.1.4 米淀粉的特点与用途

大米淀粉颗粒细小，糊化的米淀粉吸水快，质构非常柔滑似奶油，具有脂肪的口感，且容易涂抹开。蜡质米淀粉除了有类似脂肪的性质外，还具有极好的冷冻-解冻稳定性，可防止冷冻过程中的脱水收缩。此外，大米淀粉还具有低过敏的特性等。基于这些特性，大米淀粉的用途很广泛。

① 化妆品扑粉　米淀粉颗粒微小，即使有微细的凹凸也能很好地填埋而变成平滑的表面，使之具有光溜、平滑的触感。另外，由于它的颗粒呈角形，很少会发生像马铃薯淀粉那样脱落的现象，能很好地附着在人的皮肤表面，而且化妆的润饰程度良好。

② 照相纸的粉末和造纸施胶　作为照相纸粉末用，这是利用大米淀粉能良好地吸着碱性色素且能很好地固定在纸表面的凹处等特性。利用这些性质可以获得印字和印像鲜明、不易擦掉的照片和拷贝。另外，在造纸的施胶方面也有同样的用途。

③ 润滑剂　大米淀粉能很好地固定在凹点，不易脱落，常用在食品和橡胶工业等方面作为手粉、撒粉等润滑剂用。

4.2 大米淀粉糖

4.2.1 概述

利用淀粉为原料生产的糖品统称为淀粉糖。工业上生产的淀粉制糖产品主要有麦芽糊精、葡萄糖浆、含水葡萄糖和结晶葡萄糖、麦芽糖、果葡糖浆、结晶果糖和各种低聚糖。大米中淀粉含量很高，是生产淀粉糖的好原料。

4.2.2 淀粉糖生产用酶制剂

在淀粉糖及发酵工业中，淀粉转化所应用的酶制剂主要有 α-淀粉酶、葡萄糖淀粉酶（糖化酶）、普鲁兰酶、葡萄糖异构酶等。

在实际生产过程中，根据各个工业路线及最终产物的不同，往往使用其中的两种或两种以上产品。同时，考虑到工艺优化的过程，也有可能采用更多的酶制剂协同作用，以达到生产的最佳化。

4.2.2.1 α-淀粉酶

α-淀粉酶的国际酶学分类编号为 E.C.3.2.1.1。

α-淀粉酶为内切型淀粉酶，它作用于淀粉时是从淀粉分子的内部任意切开 α-1,4 糖苷键，使淀粉分子迅速降解，失去黏性和与碘的呈色反应，同时使水解物的还原力增加，这种现象称液化作用。在以直链淀粉为底物时，反应一般分两步进行，它首先任意切开 α-1,4 糖苷键，使直链淀粉迅速水解生成麦芽糖、麦芽三糖和较大分子的寡糖。其次，α-淀粉酶作用于支链淀粉时，它可以任意水解 α-1,4 糖苷键，但不能切开分支点的 α-1,6 糖苷键，也不能水解分支点附近的 α-1,4 糖苷键，而是可以越过 α-1,6 糖苷键而切开内部 α-1,4 糖苷键，因此水解产物中除了较多的低聚糖外，还含有一系列 α-极限糊精（由 4 个或更多的葡萄糖残基所构成的带有 α-1,6 糖苷键的寡糖）。不同来源的 α-淀粉酶所产生的 α-极限糊精的结构不同。

4.2.2.2 葡萄糖淀粉酶

葡萄糖淀粉酶的国际酶学分类编号为 E.C.3.2.1.3，学名 α-1,4-葡萄糖水解酶，俗称糖化酶。

它是一种外酶，水解淀粉或淀粉酶水解淀粉得到的短链产物时，是从非还原末端的 α-1,4 糖苷键开始，使一个葡萄糖单位分离，产生的葡萄糖为 β-构型，水解产物只有葡萄糖。水解过程中葡萄糖单位之间的 C_1—O—C_4 中的 C_1—O 键断裂，与 α-淀粉酶一样，也是作用于长链比短链活性大。

虽然葡萄糖淀粉酶能优先水解 α-1,4 糖苷键，但对 α-1,3 糖苷键和 α-1,6 糖苷键也有一定活性，只是水解速度很慢，仅及水解 α-1,4 糖苷键的 6.6% 和 3.6%。葡萄糖淀粉酶水解淀粉分子和较大分子的低聚糖属单链式，即水解一个分子完成后，再水解另一个分子，但水解较小分子的低聚糖属多链式，即水解一个分子几次后，脱离再水解另一个分子。

4.2.2.3 β-淀粉酶

β-淀粉酶（EC3.2.1.2）又称 β-1,4 麦芽糖苷酶。

β-淀粉酶能水解 α-1,4 葡萄糖苷键，不能水解 α-1,6 葡萄糖苷键，遇此键即停止水解，也不能越过此键继续水解。水解由非还原末端开始，水解相隔的 α-1,4 键产生麦芽糖，麦芽糖原来在淀粉分子中属 α-构型，水解后发生构型转变属 β-构型，故称 β-淀粉酶。水解反应从分子末端进行，属外酶。

β-淀粉酶对支链淀粉可从侧链的非还原末端开始，产生麦芽糖，当接近分支点 α-1,6 糖苷键时停止，在分支点侧链一端常保留 2 个或 3 个葡萄糖单位，水解后剩余的 β-极限糊精分子量仍然很大。一般情况下，水解支链淀粉时，只有 $50\% \sim 60\%$ 成为麦芽糖，分支度高的支链淀粉水解率更低，麦芽糖生成量为 $40\% \sim 50\%$。

4.2.2.4 脱支酶

脱支酶是水解淀粉和（或）糖原元分子中 α-1,6 糖苷键的酶，又分成支链淀粉酶和异淀粉酶两种。

① 支链淀粉酶 编号为 EC3.2.1.41，又称普鲁蓝酶。它能水解支链结构的 α-1,6 糖苷键，还能水解线性直链分子中 α-1,6 糖苷键。生产高麦芽糖产品，必须使用脱支酶，既可获得高质量的产品，又可提高产品得率，降低生产成本，提高经济效益。

② 异淀粉酶 编号 EC3.2.1.68，与支链淀粉酶一样，能使支链淀粉和糖原分子中支链结构的 α-1,6 糖苷键水解，使支链结构断裂。它能水解糖原，支链淀粉酶却不能。异淀粉酶不能像支链淀粉酶那样水解直链结构的 α-1,6 糖苷键。

4.2.2.5 葡萄糖异构酶

葡萄糖异构酶编号为 EC4.12.1.18，能催化葡萄糖发生异构化反应变成果糖。因为葡萄糖异构酶是胞内结合酶，价格又较昂贵，在使用时一般都采用固定化酶方式，以提高利用率。

4.2.3　各类淀粉糖的特点和用途

4.2.3.1　麦芽糊精

麦芽糊精又称水溶性糊精、酶法糊精，英文简称 MD（maltodextrins），是淀粉经低程度水解的产品，DE 值在 20% 以下，为不同聚合度低聚糖和糊精的混合物。一般喷雾干燥成粉末状，微甜或不甜。麦芽糊精性能与 DE 值有直接关系，麦芽糊精的水解程度越高，产品的溶解性、甜度、吸湿性、渗透性、发酵性、褐变反应及冰点下降越大，而黏度、色素稳定性、抗结晶性越差。

麦芽糊精是食品生产的基础原料之一，它在固体饮料、糖果、果脯蜜饯、饼干、啤酒、婴儿食品、运动员饮料及水果保鲜中均有应用。麦芽糊精可作为风味助剂进行风味包裹，主要产品是干调味品。麦芽糊精遇水生成凝胶的口感与脂肪相似，可作为脂肪替代品。麦芽糊精可降低糖果甜度，增加糖果的韧性，防止糖果"返砂"和"烊化"，降低糖果甜度，改变口感，改善组织结构，延长糖果货架保存期。麦芽糊精另一个比较重要的应用领域是医药工业。利用麦芽糊精具有较高的溶解度和一定的黏合度，可作为片剂或冲剂药品的赋形剂和填充剂。除食品和医药工业外，麦芽糊精还可作为造纸工业中的表面施胶剂和涂布（纸）涂料的黏合剂；粉末化妆品中的遮盖剂和吸附剂；农药乳剂中的分散剂和稳定剂等。

4.2.3.2　麦芽糖浆

工业上生产的麦芽糖浆产品种类很多，含麦芽糖量差别也大，但对产品分类尚没有一个明确的统一标准，一般分类法把麦芽糖浆分为普通麦芽糖浆（饴糖）、高麦芽糖浆和超高麦芽糖浆。

以大米为原料经蒸煮、糖化反应后，淋洗出糖液再经煎熬浓缩即为普通麦芽糖浆，也就是传统工艺的饴糖，其中麦芽糖含量为40%～60%，其余是糊精、少量麦芽三糖和葡萄糖等。高麦芽糖浆是在普通麦芽糖浆的基础上，经除杂、脱色、离子交换和减压浓缩而成。精制过的糖浆，蛋白质和灰分含量大大降低，溶液清亮、糖浆熬煮温度远高于饴糖，麦芽糖含量一般在 50% 以上。麦芽糖含量高达 75%～85% 以上的麦芽糖称为超高麦芽糖浆，其中麦芽糖含量超过 90% 者也称作液体麦芽糖。生产超高麦芽糖浆的要求是获得最高的麦芽糖含量和很低的葡萄糖含量。

麦芽糖主要用于食品工业，尤其是糖果业。麦芽糖的甜度仅有蔗糖的 30%～40%，入口不留后味，具有良好的防腐性和热稳定性，吸湿性低，水中溶解度小，且在人体内具有特殊生理功能。用高麦芽糖浆代替酸水解生产的淀粉糖浆制造的硬糖，不仅甜度柔和，且产品不易着色，透明度高，具有较好的抗返砂和抗烊性。用高麦芽糖浆代替部分蔗糖制造香口胶、泡泡糖等，可明显改善产品的适合性和香味稳定性。利用麦芽糖浆的抗结晶性，在制造果酱、果冻时防止蔗糖结晶析出。利用高麦芽糖浆的低吸湿性和甜味温和的特性制成的饼干，可延长产品货架期，而且容易保持松脆。除此之外，高麦芽糖浆也用于颜色稳定剂、油脂吸收剂，在啤酒酿制、面包烘烤、软饮料生产中作为加工改进剂使用。含量达 93%～95% 的麦芽糖还用作酶的稳定剂和若干种抗生素的发酵用碳源。高纯度麦芽糖能制成医药注射液代替葡萄糖。

4.2.3.3　葡萄糖浆

淀粉经不完全水解得葡萄糖和麦芽糖的混合糖浆，称为葡萄糖浆，亦称淀粉糖浆，这类糖浆中含有葡萄糖、麦芽糖以及低聚糖、糊精。糖浆的组成可因水解程度不同和所用的酸、酶工艺不同而异，制得产品的种类多，具有不同的物理和化学性质，以符合不同应用要求。糖浆的分类方法按照转化程度高低可分为高、中、低转化糖浆。以 DE 值分界，DE 值在 30 以下的葡萄糖浆为低转化糖浆，55 以上的为高转化糖浆，DE 值在 30～55 之间的为中转化糖浆。葡萄糖浆的性质由两方面决定，一是平均分子量，即由 DE 值表现，二是特定 DE 值下各组分含量，这样使不同糖浆产品在许多性质方面存在明显差别，如甜度、黏度、胶黏性、增稠性、吸潮性和保水性、渗透压力和食品保藏性、颜色稳定性、焦化性、发酵性、还原性、防止蔗糖结晶性、泡沫稳定性等。这些性质对产品的应用有很重要的影响，在实际应用中可因用途不同选择适当种类的糖浆。葡萄糖浆主要应用于食品工业，占全部用量的 95％，非食品工业仅占 5％，主要是医药工业。在食品工业中使用量最大的是糖果，其次是水果加工、饮料、焙烤，此外，在罐头、乳制品中也有使用。

4.2.3.4 果葡糖浆

在葡萄糖异构酶的催化作用下，葡萄糖液中的一部分转变为果糖，因为它的糖分组成是果糖和葡萄糖的混合糖浆，故称为果葡糖浆。果葡糖浆有 42 型（含果糖 42％）、55 型（含果糖 55％）、90 型（含果糖 90％），分别表示为 F42、F55 和 F90。果葡糖浆最主要的应用是制造碳酸饮料，可口可乐公司、百事可乐公司都采用 F55 糖全部取代蔗糖，但要注意高果糖浆中的乙醛含量应控制在一个较低水平。F42 高果糖浆主要用于色拉调味料、焙烤食品、果酱和果冻；F55 高果糖浆用于软饮料和水果罐头，F90 高果糖浆用于软饮料和液体营养食品。

4.2.3.5 低聚糖

低聚糖是指 2～10 个单糖单位通过糖苷键连接起来，形成直链或分支链的一类寡糖的总称。低聚糖种类繁多，已达 1000 多种。我们只介绍其中来源于淀粉原料的低聚糖，包括仅含有 α-1,4 糖苷键的麦芽低聚糖和其中含有 α-1,6 糖苷键的支链麦芽低聚糖，后者又称异麦芽低聚糖。

① 麦芽低聚糖 以 α-1,4 糖苷键结合的麦芽低聚糖有麦芽二糖（G_2，又称麦芽糖）、麦芽三糖（G_3）、麦芽四糖（G_4）、麦芽五糖（G_5）、麦芽六糖（G_6）、麦芽七糖（G_7）、麦芽八糖（G_8）、麦芽九糖（G_9）和麦芽十糖（G_{10}）。如以蔗糖的甜度为 100，各种麦芽低聚糖的甜度分别是 G_7 为 5，G_6 为 10，G_5 为 17，G_4 为 20，G_3 为 32，G_2 为 44。随着聚合度增加，甜度减少。G_4 以上只能隐约感到甜味。麦芽低聚糖的热稳定性比葡萄糖、麦芽糖浆、高果玉米糖浆或蔗糖高，在遇热情况下，不易与蛋白质和氨基酸产生美拉德褐变反应。商品化的产品为 G_3～G_5，主要用于饮料、糕点、奶制品、果酱、冷冻食品等。

② 异麦芽低聚糖 异麦芽低聚糖是指分子中除了 α-1,4 糖苷键以外，尚含有 α-1,6 糖苷键及 α-1,3 糖苷键等分支状结合方式的低聚糖，又称分支低聚糖。主要成分为异麦芽糖、潘糖和异麦芽三糖，其次为异麦芽四糖、异麦芽五糖、葡萄糖、麦芽糖等。

麦芽低聚糖甜度低，只有蔗糖的 $40\%\sim50\%$，可用来代替部分蔗糖，减低食品甜度与改善其味质。黏度高于蔗糖，低于麦芽糖，对糖果、糕点等的组织与物性无不良影响。热稳定性好，不易变色，耐酸，可应用到饮料、罐头及高温处理或低 pH 食品中。具有良好的保湿性和抗结晶性，可防止淀粉老化，而且具有一定的双歧杆菌增殖效果和抗龋齿能力。异麦芽低聚糖具有良好的加工特性和保健生理功能，可替代部分蔗糖应用于饮料、冷饮、糖果、乳制品、糕点、焙烤食品中，是目前世界上生产量最大、价格最便宜的一种低聚糖。

4.2.4　麦芽糊精生产

麦芽糊精的生产有酸法、酸酶法和酶法等。由于酸法生产中存在过滤困难、产品溶解度低以及易发生凝沉等缺点，且酸法生产中须以精制淀粉为原料，因此麦芽糊精生产现采用酶法工艺居多。

酶法工艺主要以 α-淀粉酶水解淀粉，具有高效、温和、专一等特点，因此可用原粮进行生产。下面以大米（碎米）为原料简述酶法生产工艺。

麦芽糊精的酶法生产工艺流程如图4-2所示。

原料(碎米)→浸泡清洗→磨浆→调浆→喷射液化→过滤除渣→脱色→真空浓缩→
喷雾干燥→成品

图 4-2　麦芽糊精的酶法生产工艺流程

① 喷射液化 采用耐高温 α-淀粉酶，用量为 $10\sim20U/g$，米粉浆质量分数为 $30\%\sim35\%$，pH 值在 6.2 左右。一次喷射入口温度控制在 $105℃$，并于层流罐中保温 30min。而二次喷射出口温度控制在 $130\sim135℃$，液化最终 DE 值控制在 $10\%\sim20\%$。

② 喷雾干燥 由于麦芽糊精产品一般以固体粉末形式应用，因此必须具备较好的溶解性，通常采用喷雾干燥的方式进行干燥。其主要参数为：进料质量分数 $40\%\sim50\%$；进料温度 $60\sim80℃$；进风温度 $130\sim160℃$；出风温度 $70\sim80℃$；产品水分≤5%。

4.2.5 麦芽糖浆生产

4.2.5.1 饴糖

饴糖生产根据原料形态不同，有固体糖化法与液体酶法，前者用大麦芽为糖化剂，设备简单，劳动强度大，生产效率低，后者先用 α-淀粉酶对淀粉浆进行液化，再用麸皮或麦芽进行糖化，用麸皮代替大麦芽，既节约粮食，又简化工序，现已普遍使用。但用麸皮作糖化剂，用前需对麸皮的酶活力进行测定，β-淀粉酶活力低于 $2500U/g$（麸皮）者不宜使用，否则用量过多，会增加过滤困难。

① 工艺流程 液体酶法生产饴糖工艺流程如图 4-3 所示。

原料(大米)→清洗→浸渍→磨浆→调浆→液化→糖化→过滤→浓缩→成品

图 4-3 液体酶法生产饴糖工艺流程

② 操作要点

A. 原料 以淀粉含量高，蛋白质、脂肪、单宁等含量低的原料为优。蛋白质水解生成的氨基酸与还原性糖在高温下易发生羰氨反应生成褐色素；油脂过多，影响糖化作用进行；单宁氧化，使饴糖色泽加深。据此，以碎大米、去胚芽的玉米胚乳以及未发芽、未腐烂的薯类为原料生产的饴糖，品质为优。

B. 清洗 去除灰尘、泥沙、污物。

C. 浸渍 除薯类含水量高不需要浸泡外，碎大米须在常温下浸泡 $1\sim2h$，玉米浸泡 $12\sim14h$，以便湿磨浆。

D. 磨浆 不同的原料选用的磨浆设备不同，但要求磨浆后物料的细度能通过 $60\sim70$ 目筛。

E. 调浆 加水调整粉浆浓度为 $18\sim22°Bé$，再加碳酸钠液调 pH 值 $6.2\sim6.4$，然后加入粉浆量 0.2%氯化钙，最后加入 α-淀粉酶，用量按每克淀粉加 α-淀粉酶 80～100U 计（30℃测定），配料后充分搅匀。

F. 液化　将调浆后的粉浆送入高位贮浆桶内，同时在液化罐中加入少量底水，以浸没直接蒸汽加热管为止，进蒸汽加热至85～90℃。再开动搅拌器，保持不停运转。然后开启贮浆桶下部的阀门，使粉浆形成很多细流均匀地分布在液化罐的热水中，并保持温度在85～90℃，使糊化和酶的液化作用顺利进行。如温度低于85℃，则黏度保持较高，应放慢进料速度，使罐内温度升至90℃后再适当加快进料速度。待进料完毕，继续保持此温度 10～15min，并以碘液检查至不呈色时，即表明液化效果良好，液化结束。最后升温至沸腾，使酶失活并杀菌。

G. 糖化　液化醪迅速冷却至65℃，送入糖化罐，加入大麦芽浆或麸皮1%～2%（按液化醪量计），搅拌均匀，在控温60～62℃温度下糖化3h左右，检查 DE 值到35～40时，糖化结束。

H. 过滤　将糖化醪趁热送入高位桶，利用高位差产生压力，使糖化醪流入板框式压滤机内压滤。初滤出的滤液较混浊，由于滤层未形成，须返回糖化醪重新压滤，直至滤出清汁才开始收集。压滤操作不宜过快，压滤初期推动力宜小，待滤布上形成一薄层滤饼后，再逐步加大压力，直至滤框内由于滤饼厚度不断增加，使过滤速度降低到极缓慢时，才提高压力过滤，待加大压力过滤而过滤速度缓慢时，应停止进行压滤。

I. 浓缩　分2个步骤，先开口浓缩，除去悬浮杂质，并利用高温灭菌；后真空浓缩，温度较低，糖液色泽淡，蒸发速度也快。

开口浓缩，将压滤糖汁送入敞口浓缩罐内，间接蒸汽加热至90～95℃时，糖汁中的蛋白质凝固，与杂质等悬浮于液面，先行除去，再加热至沸腾。如有泡沫溢出，及时加入硬脂酸等消泡剂，并添加0.02%亚硫酸钠脱色剂，浓缩至糖汁浓度达 25°Bé 时停止。

真空浓缩，利用真空罐真空将25°Bé糖汁自吸入真空罐，维持真空度在79993Pa左右（温度为70℃左右），进行浓缩至糖汁浓度达42°Bé，温度为20℃停止，解除真空，放罐，即为成品。

4.2.5.2 高麦芽糖浆

高麦芽糖浆与饴糖的制法大同小异，只是前者的麦芽糖含量应高于普通饴糖，一般要求在50%以上，而且产品应是经过脱色、离子交换精制过的糖浆，其外观澄净如水，蛋白质与灰分含量极微，糖浆熬煮温度远高于饴糖，一般达到140℃以上。

制造高麦芽糖浆的糖化剂除麦芽外，也常用由甘薯、大麦、麸皮、大豆制取的 β-淀粉酶。为了保证麦芽糖生成量不低于50%，糖化时常用脱支酶。也可用霉菌 α-淀粉酶制造高麦芽糖浆，霉菌 α-淀粉酶虽然不能水解支链淀粉的 α-1,6糖苷键，但它属于内切酶，能从淀粉分子内部切开 α-1,4糖苷键，生成麦芽糖与带 α-1,6糖苷键的 α-极限糊精。后者的相对分子质量远比 β-极限糊精为小，故制成的高麦芽糖浆黏度低而流动性好，产品中其他低聚糖的组成也不同于 β-淀粉酶制成的糖，除麦芽糖外，还含有较多的麦芽三糖及 α-极限糊精。

① 工艺流程 高麦芽糖浆生产工艺见图4-4。

大米→清洗→浸泡→磨浆→调浆→液化→过滤→冷却→糖化→脱色→过滤→离子交换→浓缩→产品

图4-4 高麦芽糖浆生产工艺流程

② 操作要点

A. 原料处理 大米原料处理包括大米的清洗、浸泡、磨浆、调浆四个步骤。清洗的口是除去米糠、泥沙等杂质。必要时水中适当加碱调节到微碱性，以利于除去色素和蛋白质。浸泡的目的是使米粒吸水变软，便于磨浆。浸泡时水温不宜太高，防止米粒表面淀粉发生糊化，一般在45℃以下。一般情况下浸泡时间应在2h以上。高温季节应勤换水或搅动，防止微生物繁殖所引起的pH下降。然后用砂盘淀粉磨湿法磨浆，粉浆的细度应使物料通过60目筛，粉浆过细易糊化，且粉渣过滤时易堵塞滤布孔眼而影响生产效率。磨粉后粉浆的浓度应调至20～23°Bé，这样糖化液中固形物的含量不低于28%。1t米磨浆后的体积约为2.2m³。当然，生产不同的糖品时最适粉浆浓度也不相同，生产高麦芽糖浆和超高麦芽糖浆时的粉浆浓度略低。粉浆浓度低时，黏度小，流动性好，有利于过滤，但增加蒸发负荷和生产成本；粉浆浓度高时则流动性差，糊化困难。

B. 液化　液化的目的是使大米淀粉糊化后黏度降低并发生部分水解。暴露出更多的非还原性末端，便于糖化酶的作用。液化的方法有四种，即升温法、间歇法、连续法和喷射液化法。最终使 DE 值达 $10\% \sim 20\%$。

C. 过滤　液化结束后趁热过滤。过滤的目的是除去蛋白质、粗纤维等物质。有的生产工艺是在糖化结束后一次性过滤。过滤的方法通常是采用板框压滤机，有时采用真空转鼓过滤机。压滤后形成的滤饼中仍有大量的残液，其中含有相当数量的糖分，卸下滤饼后应置于储罐内加水搅拌并加热至 70℃ 后进行第二次压滤。所得滤液较稀，不能与第一次滤液混合，但可以用于磨浆或调浆，产品得率可提高 5% 以上。

D. 糖化　大米粉浆经过滤后，滤液泵入糖化罐中，冷却到 62℃ 左右，加入 β-淀粉酶和脱支酶，在搅拌下保温一定时间进行糖化。当 DE 值达到要求后再升温到 90℃ 维持 20min，使酶完全失活后终止反应。

E. 脱色和过滤　脱色是产品精制的重要步骤，活性炭是常用的脱色剂。操作时仅需脱色罐和过滤机即可。制造高麦芽糖浆时，将待脱色的糖化液泵入脱色罐，升温至 $70 \sim 80$℃，调整 pH 约 4.8，先将活性炭（用量为物料的 $0.5\% \sim 1.0\%$）与少量糖化液混合，再加入脱色罐中，保温搅拌 30min 后用板框压滤机过滤除炭，即可得到无色滤液。初滤时滤液一般含有少量炭粒呈黑色，应将其返回脱色罐，待滤液完全清亮（色价在 0.4 以下）时即可进入下一道工序。

F. 离子交换　生产高麦芽糖浆时，脱色后的糖液必须送入离子交换柱进行离子交换，进一步除去残留的蛋白质、氨基酸、有色物质和灰分等。阳离子交换树脂可选用 732 强酸性苯乙烯型，阴离子交换树脂可选用 711 强碱性苯乙烯型。糖液自离子交换柱顶端加入，流速为每小时流出体积是树脂体积的 3～4 倍，流出的糖液即可进入浓缩工序。

G. 浓缩　商品糖浆的浓度一般为 75％。脱色过滤后糖液中的固形物约为 30％。必须经加热蒸发除去多余的水分，以提高糖浆浓度，便于保存和运输。浓缩在真空浓缩罐中减压条件下进行，真空度在 80kPa 以下。溶液的沸点温度随真空度上升而降低。在较低温度下浓缩，既能提高蒸发速度，又可减少焦化反应，保持糖浆的色泽。为保持糖浆在储藏中不致变色，可在浓缩过程中添加少量的亚硫酸钠和焦亚硫酸钠（小于 200mg/kg）。

4.2.6　葡萄糖浆生产

生产葡萄糖浆的工艺流程与生产麦芽糖浆工艺流程基本相同，只是糖化工序中使用的酶制剂不同。制取高纯度葡萄糖浆的操作步骤和技术要点如下。

① 将大米淀粉乳配成 30％（质量分数）的浓度。

② 加耐高温淀粉酶后喷射液化，90℃保温。当 DE 值 12％～15％时升高温度至 100℃灭酶，停止液化。

③ 过滤除去蛋白质、粗纤维等杂质。

④ 加糖化酶（即葡萄糖淀粉酶，与生产麦芽糖不同）糖化，80℃、pH 4.5 条件下保温 32～48h，DE 值可达 95％以上。

⑤ 脱色过滤。

⑥ 离子交换精制。

⑦ 真空浓缩，当浓度达 75％时即为高浓度葡萄糖浆。

4.2.7　异麦芽低聚糖生产

异麦芽低聚糖（isomaltooligosaccharide，IMO）的产品类型分别为 IMO-500（含异麦芽糖约 50％）、IMO-900（含异麦芽糖约 90％）和 IMO-900P（IMO-900 的粉末形态），生产工艺流程如图 4-5 所示。

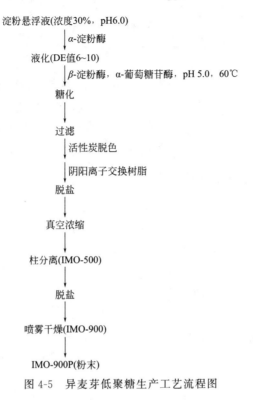

图 4-5　异麦芽低聚糖生产工艺流程图

此外，异麦芽低聚糖生产也可以由淀粉制得高浓度的葡萄糖浆（80％左右），在较高温度下（70℃左右），利用固定化葡萄糖淀粉酶逆向合成异麦芽低聚糖。

4.3　大米蛋白

4.3.1　概述

相比大豆蛋白和小麦蛋白，对大米蛋白结构和性质的研究远不够深入。事实上，中国以稻米为主食的人群每人每天消耗稻米在300g左右，摄入的稻米蛋白质为 18.9～32.89g，占摄入蛋白质量的 41.39％～45.5％，因此稻米蛋白质占据极其重要的地位。究其原因：一是人们对大米蛋白质的摄取主要通过食用稻米所体现；二是稻米中蛋白质含量较低，工业上若以稻米作为提取蛋白质的原料，经济上不合算，因而研究者较少。

当前，中国工业用稻米（主要是利用淀粉）数量越来越多，其副产品是十分宝贵的蛋白资源。大米蛋白质的主要成分谷蛋白因水溶性差，是大米蛋白质应用的主要制约因素。对大米蛋白质的分子组成、结构及其性质的了解是开发利用大米蛋白质的重要基础。

4.3.2 大米蛋白的分布及结构组成

稻米中的蛋白种类很多，按照 Osborne 的分类方法，以水溶液、盐溶液、酒精溶液以及酸或碱溶液中的溶解特性加以分类，可分为四种类型：①首先用水提取稻米或米糠中的蛋白质所得到的水溶性蛋白组分称为清蛋白，也称白蛋白；②残渣用稀盐溶液提取，得到的盐溶性蛋白组分为球蛋白；③再用 75％乙醇提取，得到的组分为醇溶蛋白；④最后残渣中蛋白质只能用酸或碱溶解，分别称为酸溶性蛋白和碱溶性蛋白，二者统称为谷蛋白。谷蛋白和醇溶蛋白系贮藏蛋白，主要分布在胚乳中，是稻米中的主要蛋白成分；而清蛋白含量、球蛋白主要分布在糊粉层，多为酶活性分子，是稻米中的生理活性蛋白，在稻米发芽早期，它们起着重要的生理作用。

稻米中蛋白质的含量因品种、产地、生长发育条件、加工精度等不同而有所不同。一般而言，籼稻的蛋白质含量较粳稻高。稻米中蛋白质分布不均匀，从总量分布上看，从米粒的外层到内层含量呈逐渐降低的趋势；从四类蛋白质的分布来看，清蛋白、球蛋白主要集中在果皮、糊粉层和胚的组织中，比例在其最外层最高，越往中心越低，而占主要的谷蛋白恰好相反，是中心部分含量最高，愈向外层含量愈低；醇溶蛋白则相对分布比较均匀。在水稻种子的脱糙和精制过程中，果皮、大部分糊粉层和胚以及少量的胚乳将被去除，这些组织中的蛋白质也一同被去除。这样，精米中的蛋白质主要以谷蛋白和醇溶蛋白为主。蛋白质一般存在于淀粉颗粒的外表面或填充在淀粉颗粒之中。淀粉与蛋白质所形成的复合物主要包括直链淀粉和蜡质基因蛋白或者是与淀粉颗粒结合在一起的淀粉合成酶。研究发现，不同来源的稻米淀粉结合蛋白的含量相差很大。淀粉颗粒结合了大约 0.7% 的蛋白，主要是蜡质基因蛋白，直链淀粉含量越高，蜡质基因蛋白越多。一般籼米淀粉中结合蛋白的含量要比粳米和糯米淀粉高得多。

4.3.3 大米蛋白的提取

大米蛋白质的提取是稻米综合利用及深加工的重要途径，具有显著的经济效益和社会效益。大米蛋白一般可分为稻米分离蛋白和稻米浓缩蛋白两大类。陈季旺和姚惠源提出大米分离蛋白与大米浓缩蛋白的划分方法，即蛋白质含量为 50%~89% 的产品称为大米浓缩蛋白，蛋白质含量 90% 以上的产品称为大米分离蛋白。

4.3.3.1 大米蛋白质的提取原料

提取大米蛋白质的原料主要有三大类：一是生产淀粉糖和味精、有机酸的副产品米渣；二是稻米加工副产品米糠；三是不宜直接食用的碎米、陈米和霉米以及食用品质差的早籼米。

以稻米为原料生产乳酸、淀粉糖、柠檬酸及生化药品的过程中会产生大量副产物——米渣。米渣含有 40%（干基含量）蛋白质，是纯稻米的 5~8 倍，且高于大豆中的蛋白质含量，含有 18 种氨基酸，尤其是缬氨酸、异亮氨酸、亮氨酸、赖氨酸、蛋氨酸、苯丙氨酸、苏氨酸、色氨酸等 8 种人体不能合成的必需氨基酸全部齐备，且它们的构成模式与人体的需求模式基本一致。

4.3.3.2 碱法提取工艺

稻米胚乳内部结构紧密，淀粉颗粒细小，并且几乎全部以复粒形式存在；蛋白质以蛋白体形式存在，并几乎被淀粉颗粒包络紧密；胚乳中超过 80% 的蛋白质是溶解性差的谷蛋白，因此稻米蛋白质的提取是比较困难的。

碱法提取是植物蛋白提取最普遍的方法，采用碱法提取稻米蛋白质的研究开始较早。碱法提取稻米蛋白质其原理是依据稻米蛋白质中80%以上为碱溶性蛋白，大量的二硫键和疏水基团的存在使其溶解性下降，另外稻米蛋白质在胚乳中与淀粉结合形成$1\sim3\mu m$的粒子，这种紧密结构也会导致其不易溶出。碱液可以使稻米中紧密的淀粉结构变得疏松，同时碱液对蛋白质分子的次级键特别是氢键具有破坏作用，并可使某些极性基团发生解离，使蛋白质分子表面具有相同的电荷，从而对蛋白质分子有增溶作用．促进了淀粉与蛋白质的分离。

目前提取稻米蛋白质方法多为碱溶酸沉法，即先用碱溶液促使蛋白质溶解，经离心固液分离后去除大部分杂质，然后加酸调上清液pH至稻米蛋白质等电点（pH 5左右）。使大部分蛋白质沉淀，再次离心二次固液分离清液中杂质，得到稻米蛋白质．所得成品中蛋白质含量可达85%以上。

碱法提取大米蛋白的工艺流程见图4-6。

淀粉

大米→粉碎→碱液浸提→离心→蛋白液→酸沉→离心→水洗沉淀→干燥→大米蛋白

图4-6　碱法提取大米蛋白的工艺流程

大米中蛋白质80%是碱溶谷蛋白，稀碱可以使大米中紧密的淀粉质结构变得疏松，能使大米淀粉颗粒中相结合的蛋白质溶出后分离，实际上稀碱对蛋白质淀粉的复合物作用是复杂的，诸如pH、温度、碱浓度和时间等因素对蛋白质和淀粉性质的影响都会引起抽提体系变化，从而造成蛋白质提取率的改变。一般采用的条件是在pH $9\sim11$ 或 0.05mol/L NaOH 溶液提取$2\sim3$h，然后过滤，用酸调节pH达到等电点获得大米蛋白。

由于大米中谷蛋白含量高达80%以上，且只溶于较高pH条件，这样的条件对氨基酸有破坏作用，同时存在抽提物中淀粉含量高、抽提液固比大、消耗大量的酸、脱盐纯化难度大、提取液中蛋白质浓度低等缺点，且提取时需要消耗大量的碱和水，因而难以应用于工业生产。高浓度的碱溶液还能够引起意想不到的后果和产生潜在的毒性，如产生赖氨酰丙氨酸，该物质能损害小鼠肾脏，降低蛋白质的营养价值。此外，高浓度的碱溶液还能引起一些副反应，如蛋白质的变性和水解，增加美拉德反应，促使产品颜色加深，引起非蛋白质组分和蛋白质一起共沉淀，降低分离质量。

4.3.3.3 蛋白酶法提取工艺

蛋白酶法主要是利用蛋白酶对大米的蛋白质进行降解和修饰，将其降解成相对分子质量较小的可溶性肽类物质，再通过离心等分离手段将蛋白质提取出来。蛋白酶法反应条件比较温和，但酶制剂成本高、产品纯度不高。按照蛋白酶作用方式的不同，蛋白酶有内切蛋白酶和外切蛋白酶之分。外切蛋白酶从肽链的任意一端切下一个单位氨基酸残基；工业用蛋白酶主要是内切蛋白酶，内切蛋白酶在多肽链的内部破坏肽键，依赖不同水解程度产生一系列分子量不同的多肽。内切蛋白酶和外切蛋白酶对底物的作用方式的差异会影响蛋白质的提取。按照蛋白酶作用条件的不同，又可以分为酸性蛋白酶、中性蛋白酶和碱性蛋白酶等。

酶法提取大米蛋白的工艺流程见图 4-7。

原料→粉碎→脱脂→调节 pH 值→加酶→灭酶→离心→上清液→浓缩→冷冻→干燥→大米蛋白
图 4-7 酶法提取大米蛋白的工艺流程

4.3.3.4 淀粉酶法提取工艺

淀粉酶也是大米蛋白提取中常用的酶制剂。利用淀粉酶将大米淀粉降解为更易溶解的糊精和低聚糖，并通过离心或过滤的方法将其除去，相对提高沉淀物中的蛋白质含量。这种工艺缺点在于为了考虑淀粉糖浆（如麦芽糖浆等）的生产，液化不能过于彻底，降低了麦芽糖的产率，这样造成蛋白质含量远低于大豆浓缩蛋白，再加上其较差的溶解性，限制了其应用范围。但基于原理，研究者们使用了更加高效而稳定的液化酶直接作用于大米粉，取得较好效果。

谭志光等以早籼米为原料，添加高温 α-淀粉酶，添加量为 6mL/100g（米粉），在温度 95℃、固液比 1:4 试验条件下酶解 1h

制备早籼米浓缩蛋白，提取率高达 94.69%，产品纯度达到82.41%。王章存等以糖渣为原料，选择纯化工艺路线，用淀粉酶水解法制备大米蛋白，蛋白质回收率达 90.5%，产品蛋白含量达88.6%。该法使用淀粉酶降解淀粉产生易溶的低聚糖和糊精，促进蛋白质与淀粉的分离并取得良好的分离效果。

4.4　米糠蛋白

4.4.1　概述

米糠是稻谷加工时的副产物，主要是碾米过程从糙米表面碾除的糠层和胚芽，其质量占稻谷籽粒的 7.5%～8.0%。糠层由外果皮、中果皮、种皮及糊粉层组成，其质量约占稻谷质量的 5%～5.5%。米糠含有丰富的蛋白质、油脂、维生素、纤维素和矿物质。中国的米糠资源非常丰富，但深加工产品较少，目前 90% 以上的米糠只用作廉价的饲料资源，造成了米糠这一宝贵资源的浪费。米糠含蛋白 12%～17%，远高于大米的蛋白含量（约 7%）；所以，从米糠提取米糠蛋白是利用米糠资源非常有效途径之一。

根据 Osborne 提出以溶解特性来划分米糠蛋白质，可分为清蛋白、球蛋白、谷蛋白和醇溶蛋白。色谱分析表明，这四种蛋白质分子量范围分别为 10～100kDa、10～150kDa、33～150kDa 和25～100kDa。

米糠蛋白的必需氨基酸组成接近于人体需要量模式，尤其是赖氨酸、蛋氨酸含量高于大米及其他谷物的含量，这补偿了谷物蛋白中氨基酸不足的缺陷，大大提高了米糠蛋白的营养价值，使其成为可与动物蛋白比拟的优质蛋白质。米糠蛋白质功效比值为 2.0～2.5，牛乳蛋白为 2.5，它的营养价值可与鸡蛋蛋白相媲美，它的应用性功能，如乳化性、溶解性、稳定性等可与大豆分离蛋白相媲美。因此米糠蛋白是理想的营养健康食品的蛋白质强化剂和功能性蛋白。

米糠蛋白的另一个突出的特点是低过敏性，是已知谷物中过敏性最低的蛋白质。近几年来，以婴幼儿为主的过敏患者激增，其中以食物引起的过敏最为突出。日本厚生省的研究报告显示，35％小儿和22％的成人都曾患过不同程度的花粉症、哮喘、鼻炎等过敏疾患。米糠蛋白具有低过敏性的特点，目前，还未见儿童对大米有过敏反应的报道，因此米粉是最常见的婴幼儿辅助食品。将从米糠中提取的蛋白质作为低过敏性蛋白质原料用在婴幼儿食品中是可行的。

4.4.2 米糠蛋白的提取方法

米糠蛋白有着极好的经济性和实用性。目前，提取米糠蛋白的主要方法有碱法、酶法。据资料报道，碱法工艺成本低，但是存在pH值高、制备的米糠蛋白容易变性且提取率低等缺点；酶法制备米糠蛋白反应条件较温和，所得蛋白营养价值高，但相对碱法来说，其工艺成本较高。目前国内外都在致力于复合酶法提取米糠蛋白的研究，期望在工艺成本略有增加的同时，得到最高的蛋白提取率。

4.4.2.1 碱法提取工艺

pH值是影响米糠蛋白溶解度的重要因素之一，米糠蛋白的等电点在4～5之间，低于此pH值范围，米糠蛋白的溶解度仅有小幅上升，但在较高pH值（＞7）时，米糠蛋白的溶解度可显著上升，pH值大于12时，90％以上的米糠蛋白可溶出。碱液可使米糠紧密结构变得疏松，同时碱液对蛋白质分子次级键特别是氢键具有破坏作用，并可使某些极性基团发生解离，促进结合物与蛋白质分离，从而对蛋白质分子有增溶作用，所以随着碱性增加，米糠中蛋白质提取率也在增加。

碱法提取米糠蛋白的工艺流程见图4-8。

米糠＋水→调节pH和温度→反应→离心过滤→取上清液→调节等电点→离心过滤→干燥→米糠蛋白

图4-8 碱法提取米糠蛋白的工艺流程

碱法提取米糠蛋白的一般操作方法如下：用 0.05mol/L NaOH 溶液调节溶液 pH 值在 9～11 的范围内，提取 2～3h，过滤，用 HCl 调节 pH 值到 4～5，达到米糠等电点或采用加热使蛋白沉淀分离出来。从工艺流程可看出，碱法提取简单易行，但在碱液浓度过高情况下，会影响产品风味和色泽，同时会产生不利反应，并会改变蛋白质营养特性。在碱性条件下，蛋白质半胱氨酸和丝氨酸残基会转变成脱水丙氨酸，丙氨酸与赖氨酸反应形成赖氨酰丙氨酸。赖氨酰丙氨酸不但有毒，且还会引起营养物质损失，丧失营养价值。此外，高碱条件下还会产生以下不利反应：蛋白质水解和变性；美拉德反应加速，产生黑褐色物质；提取物中非蛋白质含量增加、纯度降低。因此，在米糠蛋白的提取过程中，应避免过高的碱浓度（pH 值宜控制在 9.0 以下）。

采用碱法提取影响米糠蛋白收率主要因素为 pH、提取时间、水料比。pH 是影响米糠蛋白溶解度最重要因素之一，当 pH 值为 6.0 时，得率非常低，随 pH 值升高，蛋白质得率有明显升高趋势；至 pH 值为 10 后，上升趋势较平缓，为不影响蛋白质营养价值，应避免使用过高碱浓度（pH＜9）。随提取时间延长，蛋白质得率逐渐增高，但提取 2.5h 后，得率升高开始缓慢至平稳。因米糠含有一定量膳食纤维和淀粉，具有较强吸水膨胀能力，水料比过低时物料变得黏稠，流动性差，难于搅拌，阻碍蛋白提取；升高水料比虽可提高蛋白质得率，无疑又增加水和碱用量，使废水排放量增加。水料比大于 1:9 后，虽蛋白得率仍在升高，但增幅不大。NaCl 浓度对米糠蛋白溶解度也有一定影响，低浓度（0.1mol/L）有助于米糠蛋白溶解；而在较高浓度下（1.0mol/L）会降低蛋白溶解性。六偏磷酸盐可使米糠蛋白提取率稍有提高；二硫键解聚试剂 Na_2SO_3 和半胱氨酸对米糠蛋白提取率增加也有明显作用。

4.4.2.2 酶法提取工艺

酶法提取反应条件温和，不会产生有害物质，能更多保留蛋白质营养价值。酶法提取工艺比碱法增加添加酶和灭酶两道工序。国内外资料研究表明，目前用于提取米糠蛋白的酶主要有三类：糖酶、蛋白酶、植酸酶，各种酶具有不同作用机理。

以脱脂米糠为原料，酶法提取米糠蛋白的一般工艺流程见图 4-9。

脱脂米糠→加水(按一定料水比)→蛋白酶→调节pH、温度→反应(2~4h)→灭酶→离心→取上清液→调节pH→离心→干燥米蛋白

图 4-9 酶法提取米糠蛋白的工艺流程

① 糖酶 糖酶作用方式是通过破碎植物细胞壁，使其内容物充分游离出来而达到提取蛋白的目的，所以也称之细胞破壁酶。天然米糠中膳食纤维含量较高，与蛋白质相结合，阻碍蛋白质分离提取，可采用糖酶对其进行水解。糖酶主要有纤维素酶、半纤维素酶和果胶酶等，它们具有很强降解纤维和崩溃植物细胞壁的功能，能通过破碎细胞壁而提取其中所需成分。目前，对细胞破壁酶研究较多的是纤维素酶。

② 蛋白酶 使用蛋白酶酶解米糠蛋白，利用蛋白酶对米糠蛋白的降解和修饰作用，使蛋白质肽链的长度降低，引进更多的亲水基团，使其变成可溶的小分子产物而被提取出来。酶法提取反应条件比较温和，蛋白质多肽链可水解为短肽链，提高了蛋白质的消化率，同时其反应的液固比小，不仅节约了水的消耗量，而且提高了提取液中的固形物含量，从而降低了除去提取液水分的能量消耗，为工业生产创造了条件。一般常用的蛋白酶是酸性蛋白酶、中性蛋白酶、碱性蛋白酶、复合蛋白酶。

由于酸性蛋白酶的作用 pH 值在米糠蛋白等电点附近，蛋白质不容易析出，提取率不高，而复合蛋白酶含有内切酶、外切酶、端肽酶在内的多种蛋白酶，作用位点较多，酶解效果好。

③ 植酸酶 在米糠中存在植酸盐，含量（干基）9.5％～11％。米糠中蛋白质分子与植酸阴离子结合会引起结构上的改变，导致形成不溶性的蛋白质-植酸复合体。植酸酶可以水解植酸的磷酸盐残基，有利于增加蛋白的溶解性和提高蛋白的纯度。

4.5 多孔淀粉

4.5.1 多孔淀粉概述

4.5.1.1 多孔淀粉的定义

多孔淀粉又称为微孔淀粉。1984 年 Whistler 在《淀粉的化学与工艺学》书中首次提出有孔淀粉的概念：有孔淀粉是一种轻度酶解作用淀粉非结晶区所形成的多孔性淀粉载体，颗粒表面在生淀粉酶的作用下形成许多开放的、直径为 $1\mu m$ 左右的小孔，粒子孔隙容积约占 50%的淀粉颗粒容积。

谷川信弘于 1997 年提出了多孔淀粉的概念：系指具有生淀粉酶活力的酶在低于淀粉糊化温度下作用生淀粉颗粒，形成的多孔性蜂窝状产物。多孔淀粉表面布满大小不一、分布不均、直径约为 $1\mu m$ 左右的小孔，由表面向中心深入，孔隙率可达淀粉颗粒容积的 50%，并维持一定的强度。

国内徐忠等人对此定义进一步丰富和发展，将多孔淀粉又称为微孔淀粉，是采用物理、机械方法以及生物方法使淀粉颗粒由表面至内部形成孔洞的一种新型变性淀粉。

4.5.1.2 多孔淀粉的形成机理

淀粉以颗粒形态存在，生淀粉粒有层状结构，在中间有脐点，淀粉粒子在周期性光合作用过程中形成椭圆形结构生长环，其中支链淀粉双螺旋紧密排列形成结晶区，无次序排列淀粉链和支链部分形成无定形区。结晶区和无定形区并没有明确的分界线，变化是渐进的。酶对淀粉颗粒的作用往往从非结晶部分开始，颗粒中无定形区域的支链淀粉分子的 $\alpha\text{-}1,4$ 糖苷键、$\alpha\text{-}1,6$ 糖苷键较易发生水解。通过 X 射线纤维衍射观察证实，淀粉颗粒的结晶结构与非结晶结构对酸和酶的抵抗性有明显的差异，结晶部分因葡萄糖的双螺旋结构有耐酸耐酶解的特性而残留下来，而非结晶部分则被分解消失掉。酶水解反应分为两步，第一步是快速水解无定形区域的支链淀粉；第二步是水解结晶区域的直链淀粉和支链淀粉，速度较慢。复合酶水解淀粉颗粒得到多孔淀粉这一过程中，水解作用分步进行，首先糖化酶酶解突出在生淀粉颗粒表面不规则部分及较容易水解无定形区，沿着淀粉分子非还原末端逐级水解，在淀粉颗粒表面形成一个个很小的孔。随着水解的进行，淀粉颗粒吸水溶胀使 α-淀粉酶能接近颗粒内部，α-淀粉酶随机内切作用为糖化酶提供新的非还原末端，两种酶复合协同作用不仅提高水解速率，也为水解沿着更多点逐级向淀粉分子内部推进，同时小孔的孔径逐渐扩大，然后在中心附近相互融合，形成一个中空的结构且颗粒仍保持基本形状。

4.5.2 多孔淀粉的生产

4.5.2.1 工艺流程

据文献报道，目前，制备多孔淀粉的方法有三种：①物理方法（超声波照射、喷雾）；②机械方法（机械撞击）；③生化方法（醇变性、酸水解、酶水解）。以上方法中，超声波照射、机械撞击方法的生产成本较高，不易实现产业化；而喷雾法与醇变性法形成的多孔淀粉是一种实心的端聚物球体，吸附作用只发生在表面凹凸不平的沟壑内，吸附量有限，应用前景不容乐观；酸水解法在糊化温度下反应速度较慢，降解不一，随机性强，不易形成孔状，限制了酸法的应用，最有实用价值的是酶水解法。

多孔淀粉生产工艺流程如图 4-10 所示。

0.1%NaOH浸泡2天，脱碱，重复3次
↓
粳米→稀碱浸泡脱蛋白→胶体磨→过筛→离心沉淀→用水洗涤至中性→离心沉淀→米淀粉→酶解→洗涤→离心→干燥→多孔淀粉
↓
脱酶

图 4-10　多孔淀粉生产工艺流程

4.5.2.2 影响多孔淀粉生产的因素

① 淀粉原料对多孔淀粉制备的影响　并非任何淀粉都能用来制备多孔淀粉，有的淀粉不管用何种酶水解，最终也只能形成鳞片状外的表面，如香蕉淀粉、百合淀粉、莲子淀粉。总的来说，生淀

粉在酶的作用下能否形成多孔结构要取决于淀粉的天然立体结构、生长环境等。综合各种文献，已作为制备多孔淀粉原料的有玉米淀粉、木薯淀粉、粳米淀粉、马铃薯淀粉、小麦淀粉、大麦淀粉、籼米淀粉等。

② 淀粉酶的种类对多孔淀粉制备的影响　酶法制备多孔淀粉首先要找到相互匹配的生淀粉酶和原淀粉才能形成多孔淀粉。生淀粉酶是指可以直接作用未经蒸煮的淀粉颗粒的酶，生淀粉酶所涉及的酶有 α-淀粉酶、β-淀粉酶、葡萄糖淀粉酶、异淀粉酶、脱支酶、普鲁兰酶等，其来源为动物、植物、微生物。不同来源的淀粉酶活力差别很大，研究表明，除大豆 β-淀粉酶一般没有生淀粉降解能力外，细菌 β-淀粉酶以及不同来源的糖化酶、α-淀粉酶均有生淀粉降解能力。姚卫蓉等人的研究表明，糖化酶的酶活普遍较高，淀粉酶和糖化酶组合使用效果较好，而且在二者比例为 1∶4 时，形成的多孔淀粉的吸水率、吸油率最高。由此可见，复合酶具有协同效应，比单独使用任何一种酶的效果都好。

③ 酶解条件对多孔淀粉制备的影响　酶法制备多孔淀粉，既要使淀粉粒表面布满小孔，又要保持颗粒的完整性，因此水解率是制备多孔淀粉的重要控制指标。水解率太低，比孔容或比表面积亦小，吸附力不强；水解率太高，则得率低，颗粒不坚固、结构不稳定，比表面积也会变小。从已有的报道看，根据不同的需要，水解率可控制在 10%～90%。在水解率相近的情况下，孔数、孔径和孔深成相互制约的关系，因此根据不同的应用情况，可以通过改变反应的温度、pH 值、时间和酶量等因素来控制孔数、孔径、孔深。目前酶法制备多孔淀粉的反应温度一般控制在 50℃ 以下，以避免淀粉糊化，其反应时间一般为 8～24h，其反应液的 pH 值则根据选择的淀粉酶不同而不同。用糖化酶和 α-淀粉酶制备多孔淀粉时，一般溶液的 pH 在 4.2～5.5 之间。

④ 淀粉预处理对多孔淀粉制备的影响　多孔淀粉在制备过程中，淀粉原料某些性质的改变对多孔淀粉性能有一定影响，不同淀粉原料或同一淀粉原料经不同方式处理都会影响多孔淀粉的形成。

Yamada 等发现，小麦淀粉、马铃薯淀粉经过球磨处理后，溶解性提高，生淀粉酶敏感性增强。Celia 等发现在糖化酶酶解前对淀粉进行湿热处理，能增加酶的敏感性。周坚等发现，超声波预处理预糊化淀粉可以使淀粉颗粒粒度更加均匀，淀粉预先出现一些空穴，更有利于糖化酶水解，预处理后制备的微孔淀粉的吸油率为 97%，远远大于直接制备的微孔淀粉的吸油率 61%。有关研究还发现，脱除淀粉粒中蛋白质和脂质，可以增加生淀粉酶接近淀粉粒子的机会，提高酶解速度，更有利于多孔淀粉的形成。

4.6 米淀粉基质脂肪模拟品

4.6.1 概述

脂肪作为食品主要成分之一，除了给人体提供能量，还对人体有着重要的生理功能，同时会赋予食品良好的风味、质地、口感，增加消费者的食欲。随着生活水平的提高，一些人摄入的脂肪超过机体代谢所需要的脂肪，过剩的脂肪在体内积累，便出现了肥胖症、高血压、高脂血、脂肪肝、脑血栓等病症。研究表明，某些癌症（如乳腺癌、肠癌）发病率的上升与过多的脂肪摄入量有关。随着对健康和饮食的关注，人们也越来越趋向于消耗低脂食品。低脂食品是降低脂肪摄入的有效解决途径之一，但因低脂食品的感官评价并不高，特别是它的润滑度远不及脂肪。所以，食品工业中常常利用脂肪模拟品。能够向食品中添加的脂肪模拟品必须满足三个条件：安全，无热或者低热，与脂肪有相似或者相同的理化和感官性质。

以碳水化合物为基质制备脂肪模拟品的研究相对较多，主要是由于碳水化合物的来源更广泛和经济。主要的来源有土豆、玉米、小麦、大米、豆类等。淀粉及其衍生物为基质的脂肪替代品是碳水化合物类脂肪替代品的一类，比较有代表性的是米淀粉，米淀粉粒的粒度很小，2～10μm，且为不规则的多角形，这些物理特性都与脂肪晶体的物理特性相似。所以，米淀粉是较为理想的脂肪模拟品原料。

4.6.2 淀粉基质类脂肪模拟品的模拟机理

以淀粉及其衍生物为基质的脂肪模拟品是碳水化合物类脂肪模拟品的一类，其中主要包括有酸变性淀粉、酯化淀粉以及低 DE 值麦芽糊精等，目前对于淀粉类脂肪替代品的替代机理主要从以下两方面解释。

第一，认为淀粉及其衍生物可以模拟脂肪是由于其能够水合形成柔软的热可逆凝胶，所形成的凝胶具有三维网络结构，可以截留大量的水，被截留的水具有一定的流动性，食用时在口腔温度及压力的作用下有弱化的趋势，从而产生出类似于油脂浓厚、润滑的口感，而且其所形成的凝胶还具有较好的涂抹性，可以呈现出类似于奶油的假塑性。与此同时这类脂肪替代品还可以提高体系的黏度，也可以产生类似于油脂滑腻的口感。

第二，有研究者认为淀粉及其衍生物可以模拟脂肪的效果与其粒径有关。人的舌头对于颗粒感觉的阈值约为 $10\mu m$，当颗粒粒径小于 $10\mu m$ 时，舌头无法分辨出单个的颗粒，食用时制品无颗粒感，从而产生类似于脂肪的润滑、奶油状感官特征。通过研究大米淀粉的粒径，发现其大小（$2\sim10\mu m$）与脂肪球的大小相似，糊化后味淡、光滑且具有涂抹性，食用时有类似于脂肪的口感，从而可以起到替代脂肪的效果。但与此同时也必须注意粒径也并非越小越好，有研究表明当粒径小于 $0.5\mu m$ 时产品就不再呈现出油脂状的质构和口感，取而代之的是一种坚实的口感。

4.6.3 微粒淀粉糊精

天然淀粉颗粒平均直径较大，口感粗糙，经 X 射线衍射可知它是一个半晶体结构，由晶形区和无定形区组成，晶形区具有维持颗粒结构的作用，因此可选择性地水解掉无定形区，这样既可以降低颗粒度，又保持颗粒晶形结构。

在高浓度醇环境下，利用稀酸作用于淀粉颗粒的非结晶区，得到具有合适属性的淀粉片段及微粒淀粉糊精。采用高浓度醇为介质的目的在于高浓度的醇溶液中水分子数目相对较少，进入淀粉颗粒的水分子数也会减少，在淀粉糊化温度之上反应时，颗粒膨胀性降低，避免淀粉糊化。稀酸可只作用于非结晶区，而不对淀粉进行水解，有利于维持淀粉的晶形结构。因此可通过调节醇浓度和酸用量达到最佳水解效果。

微粒淀粉糊精生产工艺流程见图4-11。

干淀粉→在乙醇溶液中用酸水解→加热、回流搅拌→水解后过滤分离出淀粉糊精→分散在蒸馏水中→用10%NaOH中和→脱水→蒸馏水洗涤数遍→乙醇脱水→干燥→分散于100%乙醇中→球磨→干燥→微粒淀粉糊精

图4-11　微粒淀粉糊精生产工艺流程

4.6.4　低 DE 值糊精

在食品中用作脂肪模拟品的麦芽糊精主要是 DE 值低于 10 的麦芽糊精，也被称为低 DE 值麦芽糊精。由于低 DE 值麦芽糊精使用方便，成本较低，且使用过程中无安全问题，因此是目前最为流行的一种脂肪替模拟品。麦芽糊精可以模拟脂肪的原因一方面是酶解（或酸解）过程使其粒径减小，当其平均粒径小于人口腔阈值时，在食用时无颗粒感；另一方面其凝胶特性也是决定其替代效果的重要因素，其形成的柔软的、热可逆凝胶可以截留大量的水分，从而使其在食品中具有了模拟脂肪的功能。

酶法水解制备脂肪模拟品是比较简单和快捷的路径，国内外在利用淀粉为基质制备脂肪模拟品时主要选用酶水解法。酶水解主要用的是高温 α-淀粉酶。通过控制高温 α-淀粉酶的水解条件，将淀粉的 DE 值控制在一定范围，再进过干燥等工序得到可以模拟出类似脂肪感官特性的脂肪模拟品。

低 DE 值糊精生产工艺流程见图4-12。

在此工艺中，可采用先全淀粉酶解再脱支酶解，即边糊化边酶解的工艺，这样可以处理更多的原料，缩短生产周期，但也有其缺

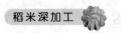

大米→粉碎→过80目筛，调pH 6.0~6.5→糊化→冷却→加α-淀粉酶→水解(65℃，10min)→
灭酶(调pH<2)→中和→喷雾干燥→成品

图 4-12　低 DE 值糊精生产工艺流程

陷性，即在脱支过程中，由液化产生的还原糖会和米粉中的氨基酸产生美拉德反应。同时，由于还原糖的存在，在脱支酶的作用下会产生逆反应。故可以根据产品应用方向的不同。选择不同的工艺路线。

4.6.5　变性淀粉

淀粉经过不同的化学方法变性可以得到不同性质的变性淀粉。可用作脂肪模拟品的变性淀粉有酯化淀粉、接支淀粉、磷酸化淀粉等。

4.6.5.1　淀粉磷酸酯

淀粉磷酸酯为阴离子衍生物，有较高的黏度，耐高温，耐剪切应力、耐酸、耐碱，是一种良好的乳化剂、增稠剂和稳定剂。因其具有以上的性质，故可以作为较好的脂肪模拟品。用正磷酸盐、焦磷酸盐、偏磷酸盐或三聚磷酸盐（STP）通过"干热"反应可把磷酸酯基团引入淀粉中。STP 被用来制备取代度（DS）0.02 的淀粉磷酸单酯，磷酸二氢钠与磷酸氢二钠的混合物能方便地制备 DS0.2以上的淀粉产品。制备淀粉磷酸酯的方法有干法和湿法两种。

① 湿法　将淀粉加入含磷酸盐的溶液中（或将磷酸盐加入淀粉乳中），在一定温度和 pH 条件下浸渍 10~30min，过滤，气流干燥至含水 5%~10%（或在 40~45℃下干燥），然后在 140~160℃热反应 2h 或更长时间，经冷却即得淀粉磷酸酯。

湿法生产淀粉磷酸酯的工艺流程如图 4-13 所示。

磷酸盐溶液
↓
淀粉乳→脱水→干燥→酯化反应→冷却→产品

图 4-13　湿法生产淀粉磷酸酯的工艺流程

用正磷酸盐生产淀粉磷酸酯时，pH 为 5~6.5（常常是 5.5~6），pH>6.5 时反应效率下降，pH<5 时则加速淀粉水解，pH>

11 时几乎不反应。用三聚磷酸钠作酯化剂时，pH 为 5～8.5。

② 干法　用少量水溶解磷酸盐，将溶液喷洒到干淀粉中（或淀粉滤饼中），搅拌均匀后，烘干至含水 5%～10% 后，在 140～160℃反应一定时间即得淀粉磷酸酯。

干法生产淀粉磷酸酯的工艺流程如图 4-14 所示。

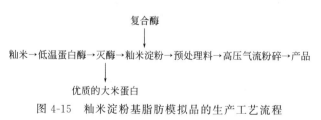

图 4-14　干法生产淀粉磷酸酯的工艺流程

4.6.5.2　超微粉体

当颗粒平均粒径在 $1～3\mu m$ 之间称为超微粉体。淀粉的超微粉体备受许多研究人员的关注，可以作为一种新型的脂肪模拟品。

机械粉碎是指颗粒内部应力大于其所能承受的极限时发生断裂破坏而达到粉碎目的。但此过程与颗粒的组成、结构、温度以及外界介质有非常大的关系。对于弹脆性颗粒，粉碎作用产生的内应力在它发生显著流变过程之前就达到了脆性破坏的极限强度，颗粒表现为容易粉碎。对于塑性颗粒可以看到明显的流变，而结构上不易产生显著的破坏，流变所消耗的能量转化为热量而释放。颗粒表现为难以粉碎。籼米淀粉属于塑性类型，直接用机械方法粉碎几乎达不到超微粉体的范围，若用生淀粉酶先处理原料，再用机械粉碎则解决了此难题。籼米淀粉基脂肪模拟品的生产工艺流程如图 4-15 所示。

图 4-15　籼米淀粉基脂肪模拟品的生产工艺流程

4.6.5.3　其他变性淀粉

① 琥珀酸淀粉酯　琥珀酸淀粉酯是在淀粉分子上引入了亲水

性的羧酸基团，从而使其结合水的能力大大提高，同时侧链基团的引入，有利于三维网络结构的形成，使得淀粉糊化温度降低，黏度增大，增稠的能力加强，透明度提高，抗老化性和抗冷冻性能提高，成膜性好，其胶体为假塑性流体，是一种优良的增稠剂，因此能够满足很多食品加工的需要，同时其基料为淀粉，与奶油相比属于低热量食品原料。

琥珀酸淀粉酯的生产工艺如图 4-16 所示。

琥珀酸酐
↓
早籼米淀粉→淀粉乳→酯化→中和→洗涤→干燥→粉碎(100目)→成品

图 4-16　琥珀酸淀粉酯的生产工艺流程

制备琥珀酸淀粉酯的最佳工艺条件为淀粉乳浓度 40%，反应温度 35℃，pH 8，反应时间 5h，在此条件下，制得的琥珀酸淀粉酯的取代度为 0.0340，实验证明此产品可以在无奶油冰激凌中作脂肪替代品。

② 淀粉硬脂酸酯　徐爱国等采用干法，酸降解与酯化反应同时进行，通过在淀粉上接上少量硬脂酸基团，将制得产品配成 20%～30% 浆液，糊化后冷冻，形成一种本身具乳化性质类似脂肪质构光滑、呈有弹性的凝胶状复合变性淀粉脂肪替代品，此品无论在口感，还是性能上都比单一水解淀粉更优良，可应用于如低脂冰激凌、色拉调味料、焙烤食品、奶酪、酸奶等食品。

淀粉硬脂酸酯的生产工艺流程如下：

称取一定量的硬脂酸，溶于 80mL 无水热乙醇中，缓慢加入 100g 淀粉，不断搅拌，再加入一定量的盐酸，并不断搅拌，得到的浆体通过 10 目的筛子成粒，然后置于 50℃烘箱中烘 1h，蒸发掉乙醇，调至一定水分含量，于室温下平衡 36h，在高温下，高压锅中进行酯化反应，中间定时排气。反应后于室温下冷却，用 50℃ 80%乙醇浸泡，洗涤不下于两次，于 50℃ 下烘干，粉碎，置于密封样品袋保藏。

4.7 抗性淀粉

4.7.1 概述

长期以来，淀粉一直被认为可以为人体完全消化吸收，原因在于人体排泄物中未曾测到淀粉成分的残留。但是，在 1983 年，英国生理学家 FlansEnglyst 首次发现在人体小肠及胃中有一种不能消化的淀粉，并将其定义为抗性淀粉（Resistantstarch，简称 RS）。许多动物试验表明抗性淀粉不在小肠中消化，而在大肠中被微生物发酵。1993 年，欧洲抗性淀粉协会将抗性淀粉（RS）定义为：不被健康人体小肠吸收的淀粉及其分解物的总和。

目前对抗性淀粉的分类主要是按照其淀粉的来源和抗酶解性的不同，分成 4 类：物理包埋淀粉（RS1）、抗性淀粉颗粒（RS2）、老化淀粉（RS3）、化学变性淀粉（RS4）。

4.7.1.1 RS1

物理包埋淀粉是指那些被蛋白质或植物细胞壁包裹而不能被酶所接近的淀粉，常见于轻度碾磨的谷类、豆类等籽粒或种子中。这部分抗性淀粉经过加工或咀嚼后，往往变得可以消化。物理包埋淀粉具有抗酶性是由于酶分子很难与淀粉颗粒接近，并不是由于淀粉本身具有抗酶性。因此，只要通过适当的加工方法使淀粉被包埋在食物中，酶分子便无法与之接近。不过由于机械作用可以使其具有可消化性，故这类淀粉制备过程的最后产量取决于生产过程包埋物质的稳定性。

4.7.1.2 RS2

抗性淀粉颗粒包括具抗性的淀粉颗粒及未糊化的淀粉颗粒。一般当淀粉颗粒未糊化时，对 α-淀粉酶会有高度的消化抗性；此外天然淀粉颗粒，如绿豆淀粉、马铃薯淀粉等，其结构的完整和高密度性以及高直链玉米淀粉中的天然结晶结构都是造成酶抗性的原因。

4.7.1.3 RS3

老化淀粉或回生淀粉是凝沉的淀粉聚合物，主要由糊化淀粉冷却后形成。老化淀粉是由淀粉经过湿热处理而使直链淀粉回生，故而酶不能作用。这类淀粉即使经加热处理，也难以被淀粉酶消化，因而也成为目前抗性淀粉中研究得最多应用最广的一类。老化淀粉的制备包括糊化后淀粉分子凝沉，或天然淀粉颗粒分散作用。在天然淀粉颗粒结构被破坏前后存在部分解聚作用，在热处理之前有选择进行水解可提高老化淀粉含量。

4.7.1.4 RS4

化学变性淀粉主要由基因改造或化学方法引起的分子结构变化产生，如乙酰基、热变性淀粉及磷酸化的淀粉等。化学变性淀粉是指经过化学修饰作用而使其性质发生改变的一类淀粉。

4.7.2 抗性淀粉的制备

4.7.2.1 物理包埋淀粉（RS1）的制备

物理包埋淀粉的酶抗性，主要是由于酶分子很难与淀粉颗粒接近，并不是由于淀粉颗粒本身结构的抗酶性。因而，从这个角度上说，可能通过某些加工手段使得淀粉颗粒包埋在食物中，并且使得其难以与酶分子相靠近。基于物理包埋淀粉的上述特点，有研究表明，其制备取决于两个方面：一方面是淀粉颗粒的尺寸，减小淀粉颗粒的尺寸，使得物理包埋淀粉的产量下降；另一方面是生产过程中包埋物质的稳定性，包埋物质的稳定性越高，物理包埋淀粉的产量也越大。

4.7.2.2 抗性淀粉颗粒（RS2）的制备

抗性淀粉颗粒常见的制备方法主要是依靠温度、湿度和时间的变化对淀粉进行加工，在不出现熔化和糊化的情况下，通过作用条件的改变来提高其产量。主要的处理方法有两种，分别为湿热处理和韧化处理。这两种方法都是在不发生糊化和熔化的条件下，通过物理处理来改变淀粉的颗粒结构，而且是在不破坏淀粉微晶结构的情况下进行的，统称为"热液处理"。湿热处理时，湿度不小于

35%；韧化处理时，湿度不小于40%。当湿度超过60%时，淀粉的微晶结构的破坏温度已经与糊化的温度接近，因而在湿度较大的情况下，必须控制温度低于破坏温度，才有利于抗性淀粉颗粒的制备；当湿度小于35%时，淀粉颗粒结构的起始破坏温度随着温度的增加而增加，在这个湿度范围内，湿热处理可以在较高湿度发生糊化的温度以上进行。当湿度处于40%～60%之间时，颗粒通过糊化和韧化共同作用而被破坏，因而其处理温度必须低于糊化温度。

Wurch提供了两种以高链玉米淀粉（HAMS）为原料进行韧化处理制备抗性淀粉颗粒的方法，一种方法是韧化处理温度低于100℃，在37℃进行消化得到的产品，其抗性淀粉颗粒的含量达到42%；另外一种方法是在去支链后进行韧化处理得到的产品，其抗性淀粉颗粒的含量为30%。Shi和Trzasko对HAMS进行研究，通过选择合适的湿热比，可以保证双折射现象不消失。在湿度37%，温度100℃时，加热HAMS 1～4h，用TDF法检测约有40%RS，而最初HAMS仅含有12%的RS。Haralampu和Gross等加热HAMS使其膨胀，但不使颗粒破裂，然后去支链，进行凝沉，最后在90℃进行处理得到含有30%的RS产品。最近又有研究表明，在湿热处理和韧化处理之间，对淀粉进行部分酸解，可以大大提高抗性淀粉颗粒的产量。

4.7.2.3 老化淀粉（RS3）的制备

RS3是由一定聚合度的直链淀粉相互间形成双螺旋，然后在双螺旋基础上堆积成完善或不完善的晶体。原料中直链淀粉的含量提高有利于抗性淀粉的形成。虽然高直链玉米淀粉因其很高的直链淀粉含量（50%～70%），已经被公认为最适合生产抗性淀粉的原料，而且国外已经有公司推出以之为原料生产的抗性淀粉产品，但由于高直链玉米淀粉属于专利产品而且具有高昂的价格。研究者和生产商不得不把眼光投向其他原料。小麦淀粉、普通玉米淀粉、籼米淀粉、豆类淀粉、土豆淀粉和木薯淀粉，经过湿热处理之后产生RS的数量，都大大低于以高直链玉米淀粉产生的RS的数量。

稻米深加工

于是研究者们纷纷寻求提高 RS 含量的方法。

① 生产工艺

A. 淀粉→调浆→酸解→中和→糊化→冷却→冷藏→烘干→粉碎→过筛→成品

B. 淀粉→调浆→酶解→灭酶→糊化→冷却→冷藏→烘干→粉碎→过筛→成品

② 影响 RS3 形成的因素

A. 直链淀粉与支链淀粉的比例对抗性淀粉含量的影响　抗性淀粉 RS3 是经过淀粉糊凝沉而来的。直链淀粉/支链淀粉的比例大小对抗性淀粉的形成有显著影响。一般来说，比值越大，抗性淀粉含量越高，这是因为直链淀粉比支链淀粉更易凝沉。Wen 等发现经加热再冷却处理的淀粉所产生的抗性淀粉会随着淀粉分子中的直链淀粉含量的增加而增加。直链淀粉在 RS 形成过程中发挥了非常重要的作用。但 Szczodrak 等通过实验发现，大麦含 43.5%直链淀粉的白色淀粉层 RS3 生成量（7.5%）却比直链淀粉含量为 49.3%的褐色淀粉层中的 RS3 生成量（4.0%）要高，因此他认为各种淀粉形成的能力有很大的差异，并不一定与直链淀粉的含量有关。出现这种结论可能是由于褐色层含有较多的脂肪及矿物质的原因。大多数研究者认为 RS3 主要是由凝沉的直链淀粉形成的，凝沉的支链淀粉在 24h 内几乎完全水解。Eerlingen 认为支链淀粉的分支部分可以形成双螺旋并进一步形成有序的三维结构，但这些支链的聚合度只有 14～18，长度会受到限制。凝沉的支链淀粉熔化温度较低（65℃），因此可能不会形成高抗性 RS 片段（在 100℃条件下不被酶水解）。

B. 淀粉颗粒大小及聚合度和链长对抗性淀粉形成的影响　不同来源的淀粉粒其大小也有差异，其中马铃薯淀粉粒平均直径较大，约为 100μm，而豌豆、小麦和玉米淀粉粒度相对较小，平均直径为 20～30μm，所以，前者与后者的比表面积相差约 20 倍。假设淀粉酶的作用发生在淀粉粒的表面，这必然会导致在同样条件下马铃薯淀粉水解速率低于其它淀粉。和淀粉粒度一样，淀粉分子的链长也会影响抗性淀粉的形成。

C. 蛋白质对抗性淀粉含量的影响　Chandrshekar 和 Kirlies 研究了原料中蛋白质对高粱淀粉凝沉的影响，发现蛋白质对淀粉粒有严格的保护，只有将这些蛋白质去除后，淀粉粒才能发生凝沉。Holm 等也发现小麦制品有相当数量的淀粉被蛋白质所包裹。有研究已证实，不同来源的淀粉都有此现象。但上述研究都是对谷物中自身所含蛋白质而言的，有关外源蛋白质添加物对淀粉凝沉的影响，Escarpa 等做了细致的研究，结果发现，和淀粉凝沉时会在直链淀粉分子之间形成氢键一样，外加蛋白质也能与直链淀粉分子形成氢键而使淀粉分子被束缚，从而抑制了直链淀粉的凝沉，降低了食物中的抗性淀粉含量。

D. 脂质对抗性淀粉形成的影响　Escarpa 等研究表明，在谷类食物中加入橄榄油，会使其中的抗性淀粉含量降低。SarkoI 认为直链淀粉老化与直链淀粉-油脂复合物的存在之间有竞争作用，而且后者的形成能力要强一些，若除去油脂后，RS 的产量可提高 $2\sim3$ 倍。Mercier 认为直链淀粉-脂质复合物也可能在食品加工过程中（如蒸煮后冷却）产生。其它脂质如磷脂、油酸都会使抗性淀粉含量降低，但其降低幅度远不及单甘酯。而且他们还发现马铃薯直链淀粉与油酸复合物的抗性非常高，但在马铃薯直链淀粉中同时加入油酸和十二烷基磺酸钠则又会使抗性淀粉的含量降低。Sievert 等进一步发现抗性淀粉中脂类物质不是以络合物形式存在，只是附着于未降解的淀粉物质上。谷物淀粉中含有少量脂肪，它可与淀粉分子发生络合。脂类物质与直链淀粉分子结合成络合物后对淀粉膨胀、糊化和溶解有强抑制作用，因此会对淀粉的抗性产生影响。

E. 可溶性糖对抗性淀粉形成的影响　可溶性糖是食品中常用的甜味剂，如葡萄糖、麦芽糖、蔗糖和核糖等。Kohyama 和 Nishinari 等研究了它们对抗性淀粉形成的影响，发现添加可溶性糖可降低糊化淀粉的重结晶程度，导致抗性淀粉含量降低。小分子糖的存在可使淀粉稀溶液的玻璃态转化温度升高，因此会影响晶核的形成，使 RS 的产量降低。Farhat 认为糖对 RS 形成的影响在很大程度上取决于糖的种类、浓度及老化的温度，而且糖的存在推迟淀粉的糊化，降低糊化淀粉的重结晶程度，抑制老化。

F. 其它食品成分对抗性淀粉形成的影响 Escarpa 等对一些食品微量营养素，如钙离子、钾离子对抗性淀粉形成的影响进行了研究，结果表明，在糊化淀粉糊中添加金属离子可使淀粉凝沉后形成的凝胶中抗性淀粉含量降低，这可能是因为淀粉分子对这些金属离子的吸附抑制了淀粉分子间的氢键形成。添加瓜尔胶会降低 RS 含量。研究多酚类物质对抗性淀粉形成的结果表明，儿茶素使抗性淀粉含量降低的幅度比植酸大。

G. 温度对抗性淀粉形成的影响 淀粉的加热温度是影响 RS3 产量的重要因素。糊化过程的目的是要破坏颗粒结构。将直链淀粉分子从原先的束缚中解脱出来，能够在分子链间相对滑移和转变构象，这是结晶发生的前提，直链淀粉的逸出与淀粉颗粒结构的溶胀程度有关，增加糊化的温度和压力，会改变淀粉颗粒的溶胀程度，以及直链淀粉和支链淀粉的分散性。

直链淀粉的凝沉结晶主要包括三个阶段：成核、结晶增长、结晶的形成。整个结晶过程主要取决于成核与结晶增长的速率，而这两个过程明显地受到温度的影响。低温时成核速率大，结晶增长速率小，而高温时则相反。

H. 冷热循环处理的次数对抗性淀粉形成的影响 加热/冷却处理的次数对抗性淀粉形成影响很大，随着次数的增加，抗性淀粉形成量也增加。对玉米直链淀粉、大麦淀粉、扁豆淀粉、豌豆淀粉糊进行加热/冷却处理，当加热/冷却次数增至两次时，抗性淀粉的形成就明显地增加。经过三次加热/冷却处理后，玉米直链淀粉中抗性淀粉含量由 9% 增至 19%，其它种类淀粉也由 6%～8% 增至 9%～14%。其原因是加热/冷却处理有助于淀粉分子的有序化和凝沉作用。

4.7.2.4 化学变性淀粉（RS4）的制备

化学变性淀粉常用于食品中以改善食品品质。化学变性对抗性淀粉的形成有促进作用。Bryan 等发现淀粉化学变性可大大降低其消化性，如糊精化、氧化和醚化可大大降低淀粉的消化程度，并随取代度的增加而降低。实验同时表明，化学变性不仅使被取代的片段不能消化，而且可促进分子间的聚集而提高 RS4 的生成量。

4.8 淀粉纳米晶

4.8.1 概述

淀粉纳米晶（starchnanocrystals，SNC）是将淀粉颗粒的无定形部分经酸或酶温和水解后除去，得到抗酸的结晶度较高的纳米片层结构。酸解不同类型淀粉得到的淀粉纳米晶均呈碟片状，其三维尺寸为长 20～200nm，宽 10～30nm，高 5～10nm。

4.8.2 淀粉纳米晶制备

4.8.2.1 酸水解法

淀粉颗粒为无定形区域和结晶区域组成的半晶体结构。酸水解法制备淀粉纳米粒的原理是利用无机酸破坏淀粉颗粒中易于水解的无定形区域，留下难以水解的结晶区域。盐酸曾经被广泛应用于制备淀粉纳米粒，但是由于存在水解时间过长（40 天）、纳米粒产率过低（0.5%）等缺点，近年来逐渐被硫酸取代。

酸处理法制备淀粉纳米粒的工序最为简单，但是不足之处主要在于制备时间普遍较长，而且由于仅保留淀粉颗粒的结晶区域，使得淀粉纳米粒的产率过低。此外，较高的酸浓度也提高了对反应设备的要求。

4.8.2.2 机械法

机械法制备淀粉纳米粒的原理为利用剪切、摩擦、挤压和冲击等机械作用力将淀粉颗粒破碎至所需的粒径。利用这一原理，通过高能粉碎设备进行一定时间的处理，可以将淀粉颗粒的粒径减小至纳米级。机械法处理前进行一定的预处理有利于破坏淀粉颗粒的结构，降低破碎难度。

4.8.2.3 细乳液法

细乳液法制备淀粉纳米粒是在乳液法制备淀粉微球的基础上发展而来的。采用乳液法制备淀粉微球时，首先在机械搅拌作用下将淀粉或淀粉衍生物溶液分散到与之不相溶的另一相（通常为有机溶剂）中形成乳液，随后在交联剂的作用下将分散相中的淀粉液滴固化成球。然而，由于传统的机械搅拌只能获得微米级的乳液，因此以之为"模板"所制备淀粉粒的尺寸被限定在微米级。为获得更小尺寸的淀粉粒，必须采取措施减小淀粉液滴的尺寸。近年来，包括高剪切乳化、高压均质和微射流乳化在内的现代乳化技术得到了很大的发展，可以通过输入较高的能量，方便地将微米级的乳液进一步细化成为亚微米级（100～500nm）的细乳液，为淀粉纳米粒的制备奠定了良好基础。在现有乳化技术中，高剪切乳化技术具有设备简单、操作方便等优点，最先被应用到淀粉纳米粒制备的研究中。

4.8.2.4 微乳液法

微乳液法原理是在机械搅拌下，淀粉和其衍生物分散至另一不溶相中形成乳液，接着在交联剂的作用下淀粉液滴固化成球，淀粉纳米粒的粒径为10～100nm。微乳液法虽然对设备要求低，但由于需要较低淀粉浓度和较高油水体积比而使其生产效率低。

4.8.2.5 沉淀法

沉淀法制备淀粉纳米粒的原理是将淀粉或淀粉衍生物的溶液和沉淀剂混合，降低淀粉分子在溶液中的溶解度使之析出形成纳米粒。

4.8.2.6 酶法

能够降解淀粉的酶主要分为三种：内切酶，主要降解淀粉颗粒内部的 α-1,4 糖苷键；外切酶，主要降解淀粉颗粒表面非还原性末端基的 α-1,4 糖苷键、α-1,6 糖苷键；脱支酶，主要降解淀粉链中的 α-1,6 糖苷键。单纯的淀粉酶不能完全去除淀粉中的无定形区，仅能把淀粉颗粒降解为 500nm 左右。目前研究者往往把酶法降解和酸法或超声等方法结合。

4.8.2.7 反应挤出法

反应挤出法以螺杆和料筒组成的塑化挤压系统作为连续化反应器，将原料一次或分次加入体系中，在螺杆转动下实现各原料之间的混合、输送、反应和挤出，挤出机各区段可进行独立的温度、物料停留时间和剪切强度控制，反应物固含量高、得率高，对环境友好。

4.8.3 淀粉纳米晶应用

大量的纳米运载系统已经用于运载食品活性成分，各种各样的营养物质可以被封装，如维生素、抗氧化剂、不饱和脂肪酸、类胡萝卜素和生物活性肽等。淀粉纳米晶可以是食品软包装的填料和加固材料，因为它们可以增强机械性能和屏障性能。而且淀粉纳米颗粒不同于普通煮熟的淀粉，它们能形成一个透明且灵活的薄膜。纳米粒子在生物学或医学中有许多应用，包括用作荧光生物标记，药物和基因传递，病原体和蛋白质检测，免疫测定，疾病诊断程序，DNA 结构检测探针，组织工程，支架制备和生物分子或细胞的纯化。此外，纳米颗粒广泛用于药物递送，预防或诊断相关的特殊功能。农业中使用纳米传感器和纳米智能传输系统来检测植物中有害生物、病毒和土壤养分的含量。此外，这些颗粒可用于监测各种环境指标，如盐度、干旱和重金属的存在。

4.9 基于大米淀粉的皮克林乳液

4.9.1 皮克林乳液概述

乳液是由两种互不相容的液相组成的分散体系，其中一种液相（内相或分散相）以液滴的形式分散于另一种与其互不相容的液相（外相或连续相）中，根据分散相的不同可将乳液分为水包油型（O/W）、油包水型（W/O）和双连续型（W/O/W 或 O/W/O）。由于具有较大的油水界面面积使得乳液界面能较高，因而乳液是一种热力学不稳定的状态，通常由添加乳化剂来稳定，根据乳化剂的不同可将乳液分为传统乳液和皮克林（Pickering）乳液。用固体颗粒稳定的乳液通常被称为 Pickering 乳液。

Pickering 乳液应用广泛，特别是在食品、化妆品和制药工业中受到越来越多的关注。大米淀粉由于其颗粒较小，是制备皮克林乳液颗粒稳定剂的有效来源。

4.9.2 皮克林乳液的制备

Pickering 乳化液的制备是使一种液体以极小的液滴形式分散在另外一种不相容的液体中，使得分散相的液体表面积增加的一种非自发形成过程，因此在乳化液形成过程中，需要外加能量。高速搅拌和高压均质是制备 Pickering 乳液的常用方法。Song 等采用改性籼米淀粉为颗粒乳化剂，用高速搅拌的方法制备了以大豆油为油相的 O/W 乳液。除上述方法外，超声处理法也常常应用在 Pickering 乳液的制备过程。此外，为拓展 Pickering 乳化的研究，国内外学者积极探索新的方法来制备稳定 Pickering 乳液。膜乳化法、定转子乳化、微通道乳化法等方法也应用到 Pickering 乳液的制备过程中。

4.10 米糠脂多糖

4.10.1 脂多糖的化学结构特征

脂多糖（lipopolysaccharide，LPS）由 O-抗原寡糖链、核心寡糖链及脂质 A 三部分组成。O-抗原寡糖链的基部与核心寡糖相连，核心寡糖链的内侧端则以其特有的 3-脱氧-D-甘露糖-辛酮糖酸（KDO）与脂质 A 相连接。这种形式的结构赋予了 LPS 的特性，因为 LPS 分子中具有一个亲脂部分（脂质 A）和一个亲水部分（杂多糖）。

O-抗原寡糖链：一般来讲，O-抗原寡糖链由 1～5 个单糖组成重复单位。O-抗原寡糖链能与相应抗体起特异性反应。

核心寡糖：由两部分较短的低聚糖链组成。外部核心低聚糖含有数种己糖；内部核心含有庚糖及 KDO。此两种成分为 LPS 所特有。核心寡糖链 KDO 以不耐热的酮糖键与脂质 A 的氨基葡萄糖连接。

4.10.2　米糠脂多糖的制备

米糠脂多糖制备工艺流程见图 4-17。

米糠水提取→等电点分离蛋白→超滤→纳滤浓缩脱盐→有机溶剂分步沉淀→LPS粗品→
色谱分离→冷冻干燥→LPS成品

图 4-17　米糠脂多糖制备工艺流程

米糠经热水萃取，获得含有 LPS 的提取液。对于 LPS 来说，米糠提取液中的主要杂质是水溶性的多糖、蛋白质和盐类。所以说，如能把主要杂质分离掉，可得到 LPS 含量较高的粗品。在此基础上，LPS 的进一步后期纯化就可得到 LPS 精品。

分离纯化的早期，由于提取液体积大、成分复杂，LPS 浓度太稀，在理化性质上与 LPS 相似的多糖数量是 LPS 的数千倍，因此在这一阶段选用萃取、沉淀、吸附、膜分离等一些分辨力较低的手段比较有利。这些手段不仅负荷能力大、一次分离的量多，同时可以除去大部分理化性质相差较大的杂质，起着分离纯化浓缩的作用，为以后进一步分离纯化创造良好的基础。

然后是调 pH 工序，通过调节整个体系的 pH，使之达到各米糠蛋白的等电点，在各自蛋白质的等电点分别加以离心沉降，达到基本去除上清液中蛋白质的目的。调节 pH 沉淀法与其他除蛋白的方法相比，具有成本低、操作方便的特点。

经调节 pH 沉淀法去除蛋白，体系中固形物含量已大为下降，此时主要杂质已为水溶性的多糖和盐类。实验证明，米糠 LPS 的相对分子质量分布为 5000～12000。采用超滤和纳滤的膜分离方法，可达到去除大分子物质（如多糖）和浓缩的效果。实验证明，随着超滤和纳滤的进行，浓缩倍数的不断增加，多糖和矿物质的总量不断下降。当浓缩倍数达到 8 倍时，米糠提取液中的 85％以上的矿物质已被除去。

经膜分离脱水除盐浓缩后，提取液中多糖和矿物质的总量已较少，可采用有机溶剂分步沉淀获得米糠 LPS 粗品。

有机溶剂对能溶于水的多糖、蛋白质等生物大分子都能发生沉淀作用。脂多糖是两性的大分子，在水溶液中其表面有一层水化膜。有机溶剂与水的作用不断使分子表面水化膜的厚度压缩，最后使这些大分子脱水而相互聚集析出。可采用浓度分别为 30％、50％、80％、85％的乙醇溶液分步沉淀。

多糖基离子交换剂的色谱原理与离子交换树脂基本相同，特别适合于生物大分子活性物质的分离。因为这类交换剂的多糖骨架来源于生物材料，具亲水性，对生物活性物质有一个十分温和的环境。米糠提取液经粗制分级后，得到的粗品体积已大大减少，绝大部分蛋白、盐类已被除去。这就为使用一些处理量少、分辨力高的分离手段提供了条件。

从 LPS 的分子结构中知道，LPS 为由亲水性的多糖和疏水性的类脂构成的两性大分子。因类脂中具有磷酸根基团，故在碱性环境中 LPS 表面带有负电荷。基于这一事实，可通过离子交换色谱把米糠脂多糖粗品中的一般多糖与 LPS 分离开，获得 LPS 精品。

4.11 富含 γ-氨基丁酸的米胚芽

4.11.1 概述

γ-氨基丁酸（γ-aminobutyric acid，GABA）是广泛分布于动植物中的一种非蛋白质氨基酸，由谷氨酸经谷氨酸脱羧酶催化转化而来，是存在哺乳动物脑、脊髓中的抑制性神经传递物质。随着研究深入，GABA 的生理功能不断得到阐明，已发展成为一种新型功能性因子，正逐渐被广泛用于医药、食品保健、化工及农业等行业。

GABA 除了在哺乳动物中枢神经系统作为抑制性神经递质而起重要作用外，在高等植物中也广泛分布。在医学上，GABA 不仅对偏瘫、记忆障碍、儿童智力发育迟缓等有较好的疗效，还具有降压、镇定神经、健脑和增强记忆等作用，并具有抗惊厥、抗焦虑的功效。当人体内 GABA 缺乏时，会产生焦虑、不安、疲倦、忧虑等情绪。在一般情况下，人体中 GABA 可由谷氨酸脱羧酶转化谷氨酸形成，但随年龄增长和精神压力的加大，GABA 的转化和积累困难，而通过日常富 GABA 饮食补充可有效改善这种状况，从而促进人体健康。

4.11.2　富集γ-氨基丁酸工艺

1964 年，科学家研究了谷氨酸脱羧酶活力与人工干燥和储藏稻米的出苗率之间的关系，发现两者之间有显著的相关性，可以作为预测种子发芽率的重要指标。这是最早的有关稻米中谷氨酸脱羧酶的报道。1994 年。在改善稻米食用品质的试验中首次发现，稻米粒用水浸泡后，游离氨基酸的组成和含量发生了显著的变化，其中 GABA 的变化最突出，出现了大幅度提高，而且 GABA 的变化主要是在胚芽部分发生的，说明米胚芽山含有谷氨酸脱羧酶，并研究了米胚芽中产生 GABA 的最适条件。同年，日本农林水产省中国农业试验场利用米胚芽巾的谷氨酸脱羧酶开发成功富含 GABA 的米胚芽。2000 年，日本科学家又研究了利用米胚芽中的谷氨酸脱羧酶直接转化谷氨酸制备 GABA 的工艺，谷氨酸的转化率达到87.9%。富集 GABA 的米胚芽生产工艺如图 4-18 所示。

米胚芽中 GABA 的富集方法有三种，一是利用米胚芽中所含的内源性蛋白酶和谷氨酸脱羧酶富集 GABA；二是利用外加蛋白酶水解米胚蛋白富集 GABA；三是利用米胚芽谷氨酸脱羧酶直接转化谷氨酸制备 GABA。三种方法得到的产品 GABA 含量不同，可以适合不同食品的应用。

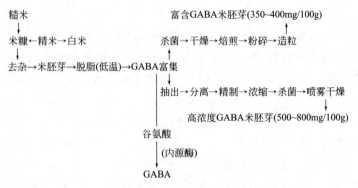

图 4-18　富集 GABA 的米胚芽生产工艺

4.11.2.1　内源酶富集米胚芽中 GABA

内源酶富集米胚芽中 GABA 是利用米胚芽中天然存在的蛋白酶水解米胚蛋白产生谷氨酸，再由米胚芽谷氨酸脱羧酶转化为 GABA。

米胚芽谷氨酸脱羧酶的最适反应温度是 40℃，最适 pH 是 5.6。虽然这种方法首先是利用米胚芽中的内源蛋白酶分解蛋白质产生谷氨酸，再由谷氨酸脱羧酶转化为 GABA。但研究发现，当反应超过 2h 后，谷氨酸脱羧酶起主要作用。因此这个反应选择谷氨酸脱羧酶的最适条件能够富集最多的 GABA。用胶体磨将反应料液磨碎并混合均匀，高温杀菌后采用喷雾干燥法干燥成富含 GABA 的米胚芽粉。

利用内源酶富集米胚芽中 GABA 的量可以由未富集前的 28mg/100g 提高到 450mg/100g 以上。但是原料米胚芽中谷氨酸的利用率只有 17%。

4.11.2.2　外加蛋白酶水解米胚蛋白富集 GABA

原料选择同内源酶富集米胚芽中 GABA 的工艺，米胚可以脱脂，也可以不脱脂。选择国产胰蛋白酶作为外源性蛋白酶对米胚芽进行酶水解，因为米胚蛋白中精氨酸含量很高，而胰蛋白酶是专一性水解以精氨酸连接的肽键，因此水解可以更彻底。水解条件为 40℃，pH 8.0，时间 6h。胰蛋白酶水解后，谷氨酸的水解率达到

85％以上，水解液中谷氨酸含量为 2.35g/mL，这就为富集 GABA 提供了更多的谷氨酸。GABA 富集、匀浆等其他工艺与内源酶富集米胚芽中 GABA 工艺相同。利用胰蛋白酶水解米胚蛋白富集 GABA，GABA 产量可达 2g/100g 米胚芽以上，米胚谷氨酸的利用率为 40％以上。因此利用外加胰蛋白酶水解米胚蛋白富集 GABA，不仅提高了原料的利用率，还大幅度地提高了 GABA 的产量和富集液中 GABA 的浓度。

4.11.2.3　米胚谷氨酸脱羧酶直接转化谷氨酸制备 GABA

这种方法是利用米胚谷氨酸脱羧酶直接转化谷氨酸为 GAGA。谷氨酸的浓度在 0.2～0.4mol/L 之间。这种利用米胚谷氨酸脱羧酶直接转化谷氨酸为 GABA 的方法可以生产出更高浓度的 GABA，可以使 0.2mol/L 的谷氨酸 100％转化为 GABA，GABA 的产量可以达到 20.4g/100g 米胚芽，可以作为 GABA 配料添加在其他食品中，应用范围又进一步提高了。

4.12　米糠蛋白降血压肽

4.12.1　降血压肽概述

高血压是一种以动脉收缩压或舒张压升高为特征的临床综合征，是引发多种并发症的一个重要危险因子。高血压病严重地危害人们的健康和生命，它不仅是一个独立的疾病，同时又作为心脑血管疾病的重要危险因素，导致心、脑、肾、血管、眼底的结构和功能的改变和损害，引起相关疾病的发生。

治疗高血压的药物主要是化学合成药，如利尿剂、A 受体阻滞剂、β-受休阻滞剂、钙拮抗剂及血管紧张素转化酶抑制剂（ACEI）类合成药。目前使用较多的是血管紧张素转化酶（ACE）抑制剂类合成药，如卡托普利、培哚普利等。但这类降血压药物属酶的竞争性抑制剂，它们对酶活性部位的抑制是可逆的，药物作用时间不长，停药后会使血压反弹，而且这类药物被吸收和排泄的速度较快，经肾脏排出易损害肾功能。使用其他的化学合成药在治疗过程中也存在许多严重的不良反应，如对脂肪、糖和尿酸代谢方面的不良影响有可能抵消降压药物长期控制血压的有益作用，也是导致冠心病发生率增加的原因之一。另外，药物引起的血压下降有可能导致脑血液减少，并可引起脑缺血和视力障碍。这些毒副作用经常影响着高血压患者的身心健康。特别是停药后引起的"停药综合征"更是严重威胁着高血压患者的生命安全。因此，从其他途径入手，寻找新的安全、长效、无毒副作用的新型降压药显得尤为必要。来源于食品蛋白质中的降血压肽对高血压患者具有极好的治疗效果，同时安全性极高，高血压患者使用后无不良反应，并且只对高血压患者起降压作用，对血压正常者无降压作用，因此目前已成为开发天然有效、无毒副作用降血压药物的一种重要途径。

对食物降血压肽的研究开始于 Oshima 等 1979 年报道的从明胶酶解液中提取的 ACE 抑制肽。他们使用细菌胶原蛋白酶降解明胶获得 6 条降血压活性较强的多肽，并分析了其氨基酸组成。试验结果显示，ACEI 活性的强弱与其分子量大小有关。这是第一次用体外蛋白酶降解得到的由食品蛋白产生的活性肽，为后来研究生产食品蛋白质 ACEI 打下了基础。1982 年后，MaruyamaS 等从牛酪蛋白的胰蛋白酶水解物中分离出多种具有 ACE 抑制活性的多肽，发现具有明显的降血压活性。随后开始从更多的蛋白质源中获得了 ACEI，现已成功地从鱼贝类、大豆、酪蛋白、玉米、酒糟等众多食物蛋白质中获得了 ACEI。目前从新的原料中发现和分离鉴定新的降血压肽仍然是降血压肽研究的一个主要方向。

4.12.2 米糠蛋白降血压肽的制备

目前降血压肽的生产主要采用体外酶解法。如采用酶解法已从酪蛋白、玉米蛋白、大豆蛋白、丝素蛋白、米糠蛋白、沙丁鱼和鲣鱼等食品中分离出具有血管紧张素转化酶抑制活性的降血压肽。另外，采用发酵法也可生产降血压肽，如已从黄酒加工的副产物（酒糟）和一些酸奶中分离出具有血管紧张素转化酶抑制活性的降血压肽。因此可采用体外酶解法和发酵法生产米糠蛋白降血压肽。

4.12.2.1 米糠蛋白降血压肽的制备工艺流程

制备米糠蛋白降血压肽的工艺主要包括米糠蛋白的制备、酶解或发酵、酶解液或发酵液的预处理和色谱分离等，具体的工艺流程见图4-19。

米糠蛋白→酶解→酶解液→灭酶→预处理→色谱分离→脱盐
                                ↓
米糠蛋白→灭菌→发酵→发酵液→沉淀→真空浓缩→冻干→降血压肽

图 4-19　米糠蛋白降血压肽的制备工艺流程

4.12.2.2 蛋白酶或菌种的选择

到目前为止，已报道采用胰蛋白酶、碱性蛋白酶、胃蛋白酶和嗜热菌蛋白酶水解不同的蛋白质，得到了多种具有血管紧张素转化酶抑制活性的降血压肽，如采用碱性蛋白酶水解丝素蛋白得到了一种降血压肽；N. Matsumura 等采用嗜热菌蛋白酶水解鲣鱼蛋白也得到了多种降血压肽。因此可采用上述几种蛋白酶生产米糠蛋白降血压肽。

目前利用发酵法生产降血压肽的菌种主要是乳酸菌，可采用乳酸菌进行米糠蛋白降血压肽的生产。

4.12.2.3 米糠蛋白降血压肽的分离纯化

多肽类分离提取常用的方法包括超滤、离子交换层析、凝胶过滤层析、高效液相色谱（HPLC）、反相高效液相色谱（RP-HPLC）、薄层色谱、毛细管电泳等。由于很多米糠蛋白降血压肽结构很接近，食物蛋白质酶解成分相当复杂，需要综合考虑多肽分子量分布、电荷种类和带电量以及分子极性大小等理化性质，然后再选用不同的分离纯化单元操作技术对其进行分离纯化，以达到更好的分离效果。

大体的分离步骤是先用沉淀离心或活性炭吸附的方法除去较高分子量、未水解的蛋白质，用超滤除去不溶底物、分子量较大蛋白质和肽类以获得合理的氨基酸和短肽，再根据分子量大小，采用凝胶过滤分离得到目的短肽。如果米糠蛋白降血压肽结构相近，则需根据电荷、分子极性差异等性质结合离子交换层析、疏水层析和 RP-HPLC 等其它分离方法来达到分离目的。有研究者采用凝胶过滤色谱和反相高压液相色谱法对米糠蛋白降血压肽进行分离提取，得到了四种具有血管紧张素转化酶（ACE）抑制活性的降血压肽。

从目前降血压肽分离纯化研究的报道中可以看出，采用单一方法往往难以获得较好的分离效果，大多属于初步分离，在进行分离纯化时，最好是将分离原理不同的 2 种或多种手段结合使用，从而获得更高纯度的降血压肽组分。

4.13 米糠蛋白类阿片拮抗肽

4.13.1 麻醉型镇痛药

麻醉型镇痛药是作用于中枢神经系统，选择性抑制痛觉同时又不影响其感觉的药物，包括阿片生物碱、合成镇痛药和阿片样物质三大类。其中阿片生物碱及其合成代用品是典型的中枢神经镇痛药，总称为阿片类药物，它们的镇痛作用强，一般用于严重创伤或烧伤等锐痛。

虽然阿片类药物具有很好的镇痛和镇静作用，但同时也具有呼吸抑制、便秘、恶心呕吐及过量使用易引起休克等副作用，特别是长期使用时具有明显的耐受性和依赖性而限制了它们的应用。连续使用不得超过一周，剂量愈大，给药时间愈短，产生耐受性和依赖性就愈快。当多次用药后，阿片类药物的镇痛效果越来越弱，继续维持这种药效需增加药量，这就是耐受性的表现。依赖性包括精神依赖性（又叫心理依赖性）和身体依赖性（又叫生理依赖性）。另外，由于化学合成法存在着生产成本高、各种化合物残留等问题，使得化学合成拮抗剂价格昂贵，因此开发天然的无毒副作用的类阿片拮抗剂已成为一种必然趋势。

4.13.2　类阿片拮抗肽的作用

类阿片拮抗肽是一类通过与阿片受体结合而发挥类阿片拮抗药物样生理作用的多种肽类的总称。

自 1986 年 M. Yoshikawa 等首次用牛乳 κ-酪蛋白经蛋白酶水解后分离得到了一种类阿片拮抗肽后，人们从乳铁蛋白和大米清蛋白的酶解产物中获得了多种具有类阿片样拮抗作用的活性肽，这些食源性类阿片拮抗肽又被称为外源性拮抗肽。它们对长期使用阿片类药物引起的耐受性、依赖性和过量使用阿片类药物引起的呼吸抑制和休克具有很好的疗效。这些外源性类阿片拮抗肽除了所具有的特殊生理功能外，还具有较好的酸热稳定性、水不溶性且黏度受浓度的影响较小，因而可以作为功能因子添加制成各种健康食品，具有广阔的市场前景。

4.13.3　米糠蛋白类阿片拮抗肽的制备

生物活性肽可采用以下三种方法生产：①体外酶解蛋白质法；②化学合成法（液相或固相）；③重组 DNA 技术合成法。由于酶解法具有安全卫生、原料来源广和价格低廉等优点，因此采用体外酶解蛋白质法生产米糠蛋白类阿片拮抗肽。

制备米糠蛋白类阿片拮抗肽的工艺主要包括米植蛋白的制备、酶解、灭酶、酶解液的预处理和色谱分离等，具体的工艺流程见图 4-20。

米糠蛋白→酶解→灭酶→酶解液→预处理→色谱分离→脱盐→真空浓缩→
冷冻干燥→米糠蛋白类阿片拮抗肽

图 4-20　米糠蛋白类阿片拮抗肽的制备工艺流程

4.13.3.1　米糠蛋白制备

采用稀碱法对米糠蛋白进行制备。米糠可溶性蛋白的合理提取条件，其最佳条件如下：pH 9.0，水料比为 10∶1，时间为 2h，温度为 50℃。在此条件下，米糠可溶性蛋白的提取率可达到 35.6%，纯度为 74.2%，氨基酸组成分析表明，天冬氨酸、谷氨酸、亮氨酸和精氨酸为其主要氨基酸，十二烷基硫酸钠-聚丙酰胺凝胶电泳（SDS-PAGE）分析显示，米糠可溶性蛋白的相对分子质量分布范围在 10000～90000 之间。

4.13.3.2 酶解液制备

反应在夹层反应器内进行。米糠蛋白以 6% 浓度溶解在去离子水中。以 2mol/L NaOH 调 pH 为 8.0，以 [E]/[S]＝1∶100 添加胰蛋白酶，水解温度 37℃。随着反应的进行，pH 将下降，不断滴加 2mol/L NaOH 使 pH 保持在 8.0，每隔 15min 记录碱液的消耗量，至反应达到所需水解度（DH）后，立即把酶解液放入 95℃以上热水中 15min 终止酶解反应。灭酶后的水解液冷却至室温，调 pH 为 7.0，10000r/min 冷冻离心 20min，上清液经浓缩后冷冻干燥备用。

4.13.3.3 米糠蛋白类阿片拮抗肽的分离

由于酶解液中含有部分水溶性多糖和纤维等大分子物质，它们可能会影响色谱分离的效果，因此可采用超滤进行预处理。反相高效液相色谱是根据组分分子极性大小进行分离的方法，具有快速高效和较高的回收率，在生物活性肽分离和制备时经常采用。采用凝胶过滤色谱和反相高效液相色谱对米糠蛋白类阿片拮抗肽进行分离提取，可得到一种类阿片拮抗活性较高的五肽。

4.14 红曲米和红曲素

4.14.1 概述

红曲是以大米为原料，经红曲霉繁殖后生成的一种紫红色米曲，古代又叫丹曲或赤曲。红曲起源于中国，在中国及周边国家都有生产和使用红曲的传统。红曲发明至今已有 1000 多年的历史。李时珍在《本草纲目》中称其为佳品，广泛用于食品及中医药中。近代中医药理论把红曲的药用功能主要概括为"除湿痰，活血化淤，健脾消食"和"治赤白痢，下水谷"等几点。随着时代进步，国内外学者对红曲色素的深入研究证实了红曲色素除了感观上的美感还具有多种药理保健功效，因而日益受到人们的关注。

红曲色素作为一种现代工业常用的食品添加剂，不仅广泛用于食品工业中，如酿酒、造醋、制酱油、肉制品、奶制品、豆制品、调味品等，还有强效抑菌、增强免疫力、抗疲劳、降血脂、降血压、降血糖的作用。红曲霉是制造红曲的主要微生物，以其能产生大量天然红曲色素而著称。

红曲色素的生产有两种方式，即固态发酵和液态深层发酵，其中前者为传统的生产方式，并且目前国内大多数红曲厂家仍然采用固态发酵的方式。固态发酵的红曲色素是红曲米和红曲红色素的总称，前者是红曲菌在蒸熟的大米上发酵生成，产品以米粒状或将米粒粉碎成粉状形式出售，后者是红曲菌以米粉为原料液体发酵生成红曲橙色素，然后添加豆粉酶解液等含氮物质与之反应，生成水溶性的红曲红色素。从本质上讲，红曲米中除了红曲红色素以外还含有未被微生物利用的米粒、淀粉酶、蛋白酶等，而红曲红色素并不是纯的红色素，而是红色素、橙色素与水溶性的蛋白质、肽、氨基酸等有机物的混合物。

4.14.2 酒用红曲的生产

红曲霉具有喜湿和耐温耐酸的特性。大米蒸熟成米饭后，接种红曲霉菌种，置于30～45℃，pH约为6.6的条件下，真菌互相扩散、传布、发酵、繁殖。红曲霉分泌红色素。终止发酵后，采用日光晒干，或低温真空干燥成呈紫红色、棕红色的干米粒。红曲霉菌繁殖的方式主要是形成有性子囊孢子和无性分生孢子。其菌丝具有隔膜式、分支式，菌丝初期为微白色至浅红色，成熟期为棕红色，溶于水为鲜红色。在制曲过程的第4天开始生成色素，从第8天开始急剧增加。

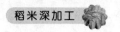

4.14.2.1 工艺流程

酒用红曲生产工艺流程见图 4-21。

曲种、醋酸、水

糙米→精米→洗浸→蒸饭→混合→接种→翻拌→堆积→头水→处理→次水→完水→后熟→干燥→红曲

图 4-21 酒用红曲生产工艺流程

4.14.2.2 操作要点

① 曲种 用曲种生产红曲的用料和配方如下：每 100kg 大米取净水 2kg、曲醋 2kg、曲种粉 300～500g，或每 100kg 大米，取净水 3～4kg、工业醋酸 150～200mL、曲种粉 300～500g（曲种粉夏天少用，冬天多用）。将三种用料混合均匀，浸泡 24h 后使用。

② 洗浸 接种前，先将大米放在竹箩内，置于水池内淘洗浸泡 1h，捞出沥干。

③ 蒸饭 将米倒入蒸桶内蒸熟，然后把蒸熟的米饭倒在大箩或木盆内搓散团块。

④ 接种 待米散热冷却到 40～45℃后，接入混合曲母液，充分拌匀后装袋移入曲埕中保温培养。

⑤ 翻拌、堆积 待品温升至 45～48℃时（需 16～18h，曲埕室温应保持在 25～30℃），再将米倒在埕内拌和一次，使温度降到 34～36℃，再成堆，待品温升至 42℃时，又拌和一次，并扩大饭堆面积，此后每隔 2～3h 拌和一次。紧接着又逐步扩大饭堆面积以降低品温，待 36h 后将堆面扩至曲埕面积的 80% 以上，使品温保持在 28～32℃。

⑥ 头水、次水、完水 经 44h 可转入吸水阶段。吸水时，将全部繁殖上红曲霉菌并产生微红色素和比较干燥的米饭装入竹箩，放在水池内浸泡，经浸泡后将竹箩立即提上来沥干，再运回倒在曲埕内堆成畦形，待饭粒表面稍干时，就摊开培养。此后隔天浸泡一次，一连浸泡 3 次。每次浸泡后 10h 可拌曲一次，称为头水、次水和完水。

⑦ 后熟、干燥　成品后熟后出曲房晒干或运到干燥室使之干燥，即是红曲成品，需要时间约 8 天，用肉眼观察红曲，在红色米粒表固有一层白粉状的东西，无异臭，有红曲特有的香味，用手摸感觉柔软。把米粒捏断，可以看到红曲霉的菌丝侵入米内，中心有一点白色部分，用手指搓揉时硬的部分也容易变成鲜红色的粉末。

4.14.3　色素用红曲生产

4.14.3.1　工艺流程

色素用红曲生产工艺流程见图 4-22。

红曲霉菌种、冰醋酸、水→混合

籼米→浸泡→淘洗→沥干→蒸熟→冷却→接种→装袋→培养→装盘→浸曲→烘干→成品

图 4-22　色素用红曲生产工艺流程

4.14.3.2　操作要点

① 用料配比　100kg 籼米、冷开水 7kg、冰醋酸 120～150g、红曲米试管菌种 3 支。使用前将红曲米试管菌种研细，并与冷开水及冰醋酸混合均匀。

② 浸泡、蒸熟、接种　采用上等籼米放置于大缸中，加水浸泡 40min 后，捞起放入竹箩内淘洗，沥干，然后倒入蒸桶内蒸饭。将蒸好的米移入木盘内，搓散结块，并散热冷却到 42～44℃（不得超过 46℃），接入已混合冰醋酸液的研细的红曲种子，充分并和后装入麻袋，把口扎好，进入曲室培养。

③ 培养　进入曲室时，品温开始下降到，而后慢慢上升，待升至 50～51℃时立即拆开米饭包，移至备有长形固定木盘的曲室中。当米饭拆包摊至木盘时已有白色菌丛着生，渐渐散热冷却到 36～38℃时，再把米饭堆集起来（上面盖有麻袋以利保温），使温度上升至 48℃。一般从 51℃经冷却后上升到 48℃时约需 5～6h。堆集达到 48℃时再把米饭散开来，翻拌冷却到 36～38℃，再次把米饭堆集起来，使温度上升到 46℃，约需 2h。当料温达到 46℃

时，第二次把米饭摊开，翻拌仍冷却至 36～38℃后，第三次把米饭堆积起来（不用盖袋），再使温度上升到 44℃时。把它散开来用板刮平，这时米饭粒表面已成淡红色。使品温保持在 35～42℃之间，不得超过 42℃，一直保持到浸曲为止。

④ 浸曲 培养 35h 左右，当米饭大部分已呈淡红色，米饭也十分干燥时浸曲。以后每隔 6h 浸曲吃水一次，即把木盘内的曲装入淘米箩内，浸曲约 1h，取出沥干，再倒入木盘内刮平。浸曲水温要求在 25℃左右，如此浸曲吃水 7 次，浸曲前 4h 要翻并一次，浸曲后也要翻并一次。从米饭培养至出曲共计 4 天。湿成品外观全部呈紫红色。

⑤ 烘干 将湿料摊入盛器内，厚度约 1cm 以下，进入烘房干燥。干燥温度为 75℃左右，干燥时间 12～14h。每 100kg 籼米得红曲成品 38kg 左右。

4.14.4 红曲色素的生产

红曲色素，商品名叫红曲红，是以红曲米为原料，经萃取、浓缩、精制而成以及以大米、大豆（粕）为主料，经红曲霉菌液体发酵培养制得的色素。

4.14.4.1 固体发酵醇提法

固体发酵醇提法是从红曲米中提取的方法，其工艺流程见图 4-23。

滤液A

红曲米→粉碎→一次浸提→过滤→滤渣→二次浸提→过滤→滤液B→合并滤液→减压蒸馏→液状红曲色素粗品

图 4-23 固体发酵醇提法从红曲米中提取红曲色素的工艺流程

还有一种工艺方法：红曲米粉用乙醇水溶液（乙醇：水＝2：1，并用 10％ NaOH 调节 pH 至 7.5）于 78℃，加热回流 1h。回流方式有错流式、逆流式。冷却后，过滤，得滤液和滤渣。渣再用 1：1 的乙醇水溶液于 78℃加热回流 1h，冷却过滤。滤渣可继续重复上述操作 2～3 次。合并各次滤液，减压蒸馏回收乙醇，得液状红曲色素粗品。

4.14.4.2　液体发酵醇提法

液体发酵醇提法即从红曲的液体发酵液中提取的方法。红曲的液体发酵液的制取：红曲霉在一定的液体培养基中经通气搅拌发酵，在生长发育过程中产生红曲色素。色价每毫升可达 50 以上。用于发酵的菌种是红曲霉和（或）米曲霉。红曲霉单菌种发酵醇提法，红曲霉与米曲霉混合菌种发酵醇提法制取液状红曲色素的工艺流程如图 4-24 所示。

```
豆粕→粉碎→润水
                      ↓
大米→洗米→浸泡(食用乳酸)→混合→蒸煮→接种→培养→成曲→制醪→发酵→保温→
过滤→滤饼→醇提→过滤→减压蒸馏→真空浓缩→液状红曲色素
                ↓
            冷凝→回收乙醇
```

图 4-24　红曲霉与米曲霉混合菌种发酵醇提法
制取液状红曲色素的工艺流程

① 浸泡　加乳酸调 pH 为 3，浸泡 5～10h，水分含量约为 30%。

② 蒸煮　蒸煮锅，120～130℃蒸煮 1h。

③ 接种　红曲霉菌种或红曲霉、米曲霉混合苗种，料温冷却至 37℃。

④ 培养　单菌种培养料温 30℃，6 天（混合菌种培养 30℃，3天），每 8h 摇瓶 1 次。

⑤ 制醪　反应锅，边搅拌边加盐水，盐水量为原料的 2 倍。

⑥ 发酵　40～45℃。

⑦ 保温　60℃水浴 2h。

⑧ 醇提　75%乙醇，常温浸提 24h。

⑨ 真空浓缩　浓缩终点色价为 300～500/mL。

液状红曲色素经真空浓缩至膏状红曲色素，或真空浓缩喷雾干燥成粉状红曲色素。

4.15 稻米多酚

4.15.1 概述

多酚类物质是指带有一个或多个羟基基团的芳环类化合物，是谷类作物中最重要的植物类化合物，属于植物次级代谢产物，主要以游离型多酚（FP）和结合型多酚（BP）两种形态存在。游离型多酚可利用甲醇、乙醇和丙酮等有机溶剂直接提取获得，结合型多酚与细胞壁通过酯键连接，可通过碱解方法提取制备。多酚类物质是天然抗氧化剂，能够清除引起氧化应激和损害生物大分子的自由基，可有效预防癌症、心血管疾病及炎症等多种慢性病及代谢性疾病的发生。

4.15.2 多酚的提取

对多酚的提取方法有酶解法和溶剂法。溶剂法主要采用丙酮-水系统或水为提取溶剂，缺点是提取时间较长、溶剂污染和浪费；酶解法主要采用淀粉酶、糖化酶、蛋白酶和纤维素酶的混合酶系统，成本相对较高。

4.15.2.1 酶解法提取工艺

酶解提取法的工艺过程和操作要点如下。

预热缓冲溶液＋脱脂米糠→酶解→水浴加热→离心→米糠多酚

将米糠粗粉过 60 目筛，称取一定量米糠，按料液比 1∶3（质量体积比，g/mL）加入石油醚，于室温振荡器（100r/min）脱脂6h 后，抽滤，弃去滤液，滤渣按上述操作重复提取 2 次，滤渣在60℃低温下烘干，进行粉碎即得脱脂米糠。预热缓冲溶液加入一定量脱脂米糠，混合均匀，再加入一定量的酶，混合均匀，酶解 1h，在 90℃温度下进行 3min 水浴灭酶，然后以 4000r/min 的速度进行15min 离心，取上清液即为米糠多酚。

4.15.2.2 溶剂法提取工艺

① 游离型多酚的提取工艺　游离型多酚的提取工艺过程和操

作要点如下。

糙米样品→加醇溶液→搅拌→离心→合并提取液→旋蒸→游离型多酚提取液

称取 1.0g 糙米样品，加入 15mL 4℃酸化甲醇（95％甲醇：1mol/L HCL＝85：15，体积比）搅拌均匀，以 3500r/min 的转速离心 20min 后取上清液，重复提取 3 次，合并上清液；在 45℃下旋转蒸干，用 50％甲醇定容至 10mL，得到游离型多酚提取液。

② 结合型多酚的提取工艺   结合型多酚的提取工艺过程和操作要点如下。

糙米样品→加醇溶液→搅拌→离心→加 NaOH 溶液→搅拌→调节 pH 值→除脂→萃取→合并提取液→旋蒸→结合型多酚提取液

称取 1.0g 糙米样品，加入 15mL 4℃酸化甲醇（95％甲醇：1mol/LHCL＝85：15，体积比）搅拌均匀，以 3500r/min 的转速离心 20min，向离心后沉淀中加入 20mL、2mol/L NaOH 溶液，在氮气保护下搅拌 1.2h 后，用 1mol/L HCL 调节 pH 值至 1.5，按体积分数 50％（终浓度）加入正己烷除脂，按体积分数 50％（终浓度）加入乙酸乙酯萃取 5 次，合并提取液，在 45℃下旋转蒸干，50％甲醇定容至 10mL，得到结合型多酚提取液。

4.16 稻壳制备木糖及木糖醇

在自然界，木糖是作为木质化的植物细胞的构成物质。木糖在消化系统中最稳定，不被消化酶水解，且代谢不依赖胰岛素，可满足患有诸如糖尿病、肥胖病和高脂血症等特殊人群的需要。木糖无龋齿性并具有抗龋齿性，适合作为儿童食品的甜味添加剂。木糖还可促进人体对钙的吸收。因此木糖可作为开发孕妇、老年食品的理想原料。

目前现有的木糖制取方法主要为酸法水解、碱法水解和发酵法生产木糖。其中碱法水解不常用，因为戊聚糖易溶于碱，而且与碱反应破坏戊聚糖的结构，而使最终木糖产率降低。发酵法主要用于生产木糖醇和低聚木糖，且发酵液中同时含有结构性状很相似的木糖和木糖醇。

中国稻壳资源丰富，价格低，而稻壳中的多缩戊糖含量达19.9%，多缩戊糖主要是木聚糖，所以稻壳也是制备木糖的较好原料。目前国内用玉米芯、甘蔗渣、稻草等纤维素物质为原料制备低聚糖进行了探索，而以稻壳为原料制木糖利用水平仍较低，资源优势尚未转化为经济优势。因此，需尽快借鉴国内外的研究经验，结合中国自身特点开发出适用于大规模工业化应用的新技术，早日实现低聚木糖的大规模生产。

4.16.1 木糖生产

木糖生产工艺流程和操作要点如下。

稻壳预处理→酸解→过滤→中和→过滤→浓缩→脱色→过滤→离子交换→除杂→浓缩结晶→分离→产品

↓

滤渣（制取二氧化硅）

① 稻壳预处理 将干燥的稻壳用10倍量的清水煮沸2h，间歇搅拌，过滤。滤渣用清水搅拌洗涤3次，过滤，抽干，将滤渣烘干（或风干）。

② 酸解 把干燥的滤渣放入400mL的烧杯中，加70%硫酸，搅拌均匀，静置浸泡13h。加等量的水蒸煮10min，过滤，滤渣用清水搅拌洗涤3次，合并滤液和洗液，滤渣收集后可制取SiO_2。

③ 中和 将滤液放入烧杯中，升温至75～85℃，在不断搅拌下加入15°Bé的石灰乳，调节pH值至2.8～3，中和残余硫酸，并保温1h，使硫酸钙充分沉淀。过滤除去硫酸钙，硫酸钙经干燥漂白后，可作为产品出售。

④ 浓缩 将中和后的溶液通过蒸发将糖液浓缩至原体积的1/3，并将析出的硫酸钙沉淀过滤排除。

⑤ 脱色 蒸发后的糖浆色泽较深，可用粉状活性炭进行脱色，脱色温度控制在80℃，活性炭用量一般为糖液量的10%，pH值

参考文献

[1] 姚惠源. 稻米深加工 [M]. 北京：化学工业出版社. 2004.

[2] 路飞, 马涛. 粮油加工学 [M]. 2版. 北京：中国农业大学出版社, 2009.

[3] 刘永乐. 稻谷及其制品加工技术 [M]. 北京：中国轻工业出版社. 2010.

[4] 张力田, 高群玉. 淀粉糖 [M]. 3版. 北京：中国轻工业出版社. 2011.

[5] 王智霖. 酶解米糠蛋白制备米糠营养液的研究 [D]. 成都：西华大学, 2010.

[6] 王章存. 米渣蛋白的制备及其酶法改性研究 [D]. 无锡：江南大学, 2005.

[7] 白瑞雪. Pickering 乳液在药物释放与酶促反应中的应用研究 [D]. 成都：西南交通大学, 2017.

[8] 陈义勇, 王伟, 沈宗根, 等. 米糠可溶性蛋白提取工艺中各因素影响的研究 [J]. 现代食品科技, 2006, 22(4)：64-65.

[9] 王文高. 早籼稻及碎米转化为低过敏大米蛋白和缓释淀粉研究 [D]. 无锡：江南大学, 2003.

[10] 王章存, 申瑞玲, 姚惠源. 大米分离蛋白的酶法提取及其性质 [J]. 中国粮油学报, 2004, 19(6)：3-6.

[11] 钱朋智, 张梅娟. 稻壳水解生产 D-木糖工艺研究 [J]. 农产口加工, 2018, 450 (04)：35-38.

[12] 刘彬, 黄文. 酶水解米渣蛋白的工艺研究 [J]. 粮食与饲料工业 [J]. 2005, (8)：6-8.

[13] 李喜红, 代红丽, 魏安池. 酶法从脱脂米糠中提取蛋白质 [J]. 粮油加工, 2005, (6)：62-64.

[14] 曲晓婷, 张名位, 温其标, 等. 米糠蛋白提取工艺的优化及其特性研究 [J]. 中国农业科学, 2008, 41(2)：525-532.

[15] 张晖, 姚惠源. 胰蛋白酶水解富集米胚芽中 γ-氨基丁酸的研究 [J]. 食品科学, 2005, 26(2)：127-130.

[16] 李玉美. 以乳清蛋白为基质的脂肪替代品的研究 [M]. 无锡：江南大学, 2006.

[17] 杨玉玲, 许时婴. 淀粉为基质的脂肪替代品 [J]. 食品工业科技, 2002, 23(12)：85-87.

[18] 邓苏梦, 王健, 邹立强, 等. 食品级纳米粒子的合成及其应用 [J]. 食品工业科技, 2017, 38(07)：365-370.